高职高专"十三五"规划教材

HTML5+CSS3 网页布局 任务教程

主　编◎斯琴高娃

副主编◎孟　清　谭海中　雷　琳

中国铁道出版社有限公司
CHINA RAILWAY PUBLISHING HOUSE CO., LTD.

内 容 简 介

本书根据 HTML5 和 CSS3 标准详细讲解了网页的布局和制作方法。全书共分 12 个单元，内容包括：准备工作、HTML5 常见元素、网页整体布局的搭建、网页主体内容的构建、网页页眉的构建、网页主导航的构建、网页横幅广告的构建、网页页脚的构建，以及混合布局的综合网页的构建。每个单元包含若干个任务，各任务之间有连贯性，强化和覆盖相关知识点。

本书与 Web 前端开发工作岗位接轨，强调三方面的技能：一是针对只会写局部不会写整体的问题，培养基于网页设计稿（或效果图）来规划网页，从网页整体入手，先搭建结构，再填充内容的技能；二是归纳和强化常用的方法，使读者熟练掌握方法，而不仅是知识点；三是学会写代码，而不是用 Dreamweaver 的可视化操作来生成代码。

本书适合作为高职高专院校 HTML5+CSS3 集中实训课程或理实一体化课程的教材，也可作为网页设计与制作爱好者的自学读物。

图书在版编目（CIP）数据

HTML5+CSS3 网页布局任务教程/斯琴高娃主编. —北京：
中国铁道出版社有限公司，2020.9（2024.9重印）
高职高专"十三五"规划教材
ISBN 978-7-113-27180-0

Ⅰ.①H… Ⅱ.①斯… Ⅲ.①超文本标记语言-程序设计-
高等职业教育-教材②网页制作工具-高等职业教育-教材
Ⅳ.①TP393.092.2②TP312.8

中国版本图书馆 CIP 数据核字(2020)第 153112 号

书　　名：HTML5+CSS3 网页布局任务教程
作　　者：斯琴高娃

策　　划：唐　旭　　　　　　　　　　编辑部电话：（010）63549508
责任编辑：陆慧萍
封面设计：高博越
责任校对：张玉华
责任印制：樊启鹏

出版发行：中国铁道出版社有限公司（100054，北京市西城区右安门西街 8 号）
网　　址：https://www.tdpress.com/51eds/
印　　刷：三河市宏盛印务有限公司
版　　次：2020 年 9 月第 1 版　　2024 年 9 月第 6 次印刷
开　　本：787 mm×1092 mm　1/16　印张：13.75　字数：327 千
书　　号：ISBN 978-7-113-27180-0
定　　价：39.00 元

前言

HTML5 和 CSS3 是 HTML 和 CSS 的较新标准。HTML 和 CSS 是 Web 前端开发基础技术，分别用于实现网页的结构和表现，是学习后续前端脚本语言 JavaScript 和前端开发框架（Bootstrap、jQuery 等）的重要基础。

作者将长期的高职教学实践所得精心提炼到了本书中，充分考虑了高职学生的学情，按照初学者的认知规律循循善诱，按照开发者的思考路线分步讲解，在精心编排的 50 多个网页制作任务中渗透了实际网站开发中常用的方法、经验，覆盖了从无到有地制作一个完整的网页所需的知识和技术。本书自出版后得到了读者的好评，与本书配套的在线课程于 2022 年 6 月入选海南省高校精品在线开放课程。

本书共分 12 个单元，单元内的任务之间互补强化，单元之间衔接连贯。

第 1 单元　准备工作，介绍 HTML5 和 CSS3 是什么，如何搭建网页制作环境，如何使用网页编辑器的编辑和调试功能。

第 2 单元　HTML5 常见元素，介绍制作一个完整的网页一般需要哪些 HTML5 元素，如何使用这些元素。

第 3 单元　网页整体布局的搭建，介绍典型的网页布局有哪些，搭建网页结构用到哪些"盒子"，实现这些布局设置哪些样式。

第 4 单元　网页主体内容的构建 1——文本的制作，介绍典型的网页布局中主体内容区的文本内容的制作方法。

第 5 单元　网页主体内容的构建 2——图片的制作，介绍典型的网页布局中主体内容区的图片内容的制作方法。

第 6 单元　网页主体内容的构建 3——表格的制作，介绍典型的网页布局中主体内容区的表格内容的制作方法。

第 7 单元　网页主体内容的构建 4——表单的制作，介绍典型的网页布局中主体内容区的表单内容的制作方法。

第 8 单元　网页页眉的构建，介绍典型的网页布局中页眉的制作方法。

第 9 单元　网页主导航的构建，介绍典型的网页布局中主导航的制作方法。

第 10 单元　网页横幅广告的构建，介绍典型的网页布局中横幅广告的制作方法。

第 11 单元　网页页脚的构建，介绍典型的网页布局中页脚的制作方法。

第 12 单元　混合布局的综合网页的构建，介绍复杂网页的制作方法。

本书主要特色：

① 与 Web 前端开发工作岗位接轨，教学生直接写 HTML5 和 CSS3 代码，而不是教可视化操作。

② 教学生基于网页设计稿（或效果图）制作完整的网页，而不是仅仅会做网页一角。

③ 归纳和强化常用的方法，让学生熟练掌握方法，而不仅仅是知识点。

④ 每个实训任务都有详尽的步骤和逻辑，而不是直接粘贴成片的代码。

课时数及选用建议（仅供参考）：

单　元	任　务	课时数建议	选　用　建　议
第 1 单元	任务 1.1~1.2	2	
	任务 1.3~1.4	2	
第 2 单元	任务 2.1~2.2	2	● 理实一体化课程： 选用所有任务。 ● 集中实训课程： 省略
	任务 2.3~2.4	2	
	任务 2.5~2.6	2	
	任务 2.7~2.8	2	
	任务 2.9~2.10	2	
	任务 2.11	2	
第 3 单元	任务 3.1	4	● 理实一体化课程： 选用所有任务。 ● 集中实训课程： 选用所有任务
	任务 3.2	4	
	任务 3.3	2	
第 4 单元	任务 4.1	2	● 理实一体化课程： 任务 4.2、4.5、4.6 或全部。 ● 集中实训课程： 任选
	任务 4.2	2	
	任务 4.3	2	
	任务 4.4	2	
	任务 4.5	4	
	任务 4.6	4	
第 5 单元	任务 5.1~5.2	2	● 理实一体化课程： 任务 5.2、5.3、5.4、5.5、5.7 或全部。 ● 集中实训课程： 任选
	任务 5.3	2	
	任务 5.4	2	
	任务 5.5~5.6	2	
	任务 5.7	2	
	任务 5.8~5.9	2	
第 6 单元	任务 6.1	2	● 理实一体化课程： 任选。 ● 集中实训课程： 任选
	任务 6.2~6.3	2	
第 7 单元	任务 7.1	2	
	任务 7.2	2	
	任务 7.3	2	
第 8 单元	任务 8.1	2	
	任务 8.2	2	
第 9 单元	任务 9.1	2	
	任务 9.2	2	
第 10 单元	任务 10.1	2	
	任务 10.2	2	
第 11 单元	任务 11.1	2	
	任务 11.2	2	
第 12 单元	任务 12.1	8	● 理实一体化课程： 省略。 ● 集中实训课程： 任选
	任务 12.2	12	
合　计		100	

本书由斯琴高娃任主编，孟清、谭海中、雷琳任副主编。其中，斯琴高娃编写第3~5单元、第12单元，孟清编写第6~8单元，谭海中编写第1、2单元，雷琳编写第9~11单元。

由于时间仓促，编者水平有限，书中难免存在疏漏和不足之处，敬请广大读者批评指正，联系方式：378083015@qq.com。

编　者

2022 年 7 月

目 录

# 第1单元 准备工作

准确理解基本概念，做好上机实践准备，以及了解必要的调试技巧是学习网页制作必需的准备工作。

通过本单元的学习，应该达到以下目标：

- 认识 HTML5 和 CSS3。
- 能够安装和配置软件环境。
- 学会编辑、浏览和调试网页的方法。
- 掌握 HTML 元素、开始标签、结束标签等概念。

任务 1.1　认识 HTML5 和 CSS3

 任务要求

请描述 HTML、HTML5、CSS、CSS3 这 4 个概念。

 任务分析

可从这 4 个缩写单词的字面意义出发，结合 Web 开发语言的发展历史给出全面的描述。

知识概括

HTML 是制作 Web 页面的标准语言，CSS 是实现网页外观的语言，它们都是 Web 浏览器能解析的语言，都经过了多年的发展，经历了多个不同的标准（版本）。

 任务实现

1. 认识 HTML

HTML（Hyper Text Markup Language，超文本标记语言）是构成网页的基本通用语言。超文本是指页面内可以包含图片、链接、音乐、视频、程序等非文本元素。使用 HTML 编写的文档称为 HTML 文档，它被浏览器解析后呈现为网页。HTML 自 1993 年被公开发布以来，经历了 HTML2.0、HTML3.2、HTML4.0、HTML4.01、XHTML1.0、HTML5 等多个版本。

2. 认识 HTML5

HTML5 是 HTML 的新版本，HTML5 的主要新特性有标签更语义化、表单更好用、直接

支持音视频、矢量绘图、用户可以编辑网页的内容等。

有的浏览器，尤其浏览器的低版本，还不完全支持 HTML5 中新增的标签或属性，也就是说无法正确解析 HTML5 的网页。但主流浏览器都在逐渐实现对 HTML5 的全面支持。

3. 认识 CSS

CSS（Cascading Style Sheets，层叠样式表）是用于实现网页的排版和修饰的一种计算机语言，可以嵌入到 HTML 标签中，也可以编写到独立的文件中。

HTML 负责网页的结构，CSS 负责网页的表现，换句话说，HTML 表达网页的内容，CSS 表达网页的样式。

跟 HTML 一样，CSS 也经历了不同的版本，主要有 CSS1.0、CSS2.0、CSS3.0。

CSS3 是 CSS 的较新版本，增加了更多的 CSS 选择器，可以实现更简单、更强大的功能。

任务 1.2　搭建软件环境

任务要求

请搭建学习 HTML5+CSS3 所需的软件环境。

任务分析

学习 HTML5+CSS3 需要搭建的软件环境很简单，只需要安装一个网页编辑器和一个主流浏览器。

微　课

搭建软件环境

知识概括

1. 编辑器

任何一种文本编辑器都可以用于编写 HTML 文档，如记事本、EditPlus、NotePad++、UltraEdit 等。但是，专门的网页编辑器会提供强大的代码提示、代码检查、联想查询、代码折叠等功能，更方便于快速正确地编写 HTML 和 CSS 代码，如 Sublime Text、WebStorm、HBuilder X、Dreamweaver 等。

本书推荐使用 HBuilder X 或 Sublime Text 3，它们使用普遍，体积小，功能强大，易于安装，可以合法免费获得。

2. 浏览器

初学者不必考虑如何让网页兼容各种浏览器的问题，建议选择支持 HTML5 的浏览器。本书推荐使用谷歌（Google Chrome）浏览器和火狐浏览器（Mozilla Firefox），它们对 HTML5 的支持性好。

任务 1.2.1　安装 HBuilder X

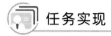 **任务实现**

步骤 1：获得软件。

从官网 https://www.dcloud.io/ 上可以免费下载新版的该软件，下载步骤如图 1-1~图 1-3 所示。

① 单击"HBuilderX 极客开发工具"选项。

② 单击 DOWNLOAD 选项。

③ 单击"正式版"选项，"Alpha 版"是还在测试中的版本。然后，可以单击"标准版"（区分操作系统）来下载"HBuilder X"的较新版本，可以单击"上一代 HBuilder 下载"右边的链接（区分操作系统）来下载"HBuilder"的较新版本，还可以单击"历史版本"下载"HBuilder X"或"HBuilder"的历史版本。

图 1-1　下载 HBuilder X（一）

图 1-2　下载 HBuilder X（二）

图 1-3　下载 HBuilder X（三）

步骤 2：安装软件。

HBuilder X 不需要安装，将 HBuilder X 的压缩包解压到当前文件夹，从解压出来的文件夹里找到 HbuilderX.exe 文件，右击后选择"发送到桌面快捷方式"命令。

步骤 3：使用软件。

① 双击 HBuilderX.exe 文件或桌面快捷方式即可启动 HBuilder X，关闭自述文件（可在

帮助菜单项里单击"自述文件"再次打开）。

　　② 选择"文件"菜单中的"新建""打开"等命令，可以新建和打开网站文件夹或各种文件，常用的几个选项如图 1-4 所示。

　　③ 选择"文件"→"新建"→"html 文件"命令，在打开的对话框中输入文件名和存放位置，选中"空白文件"复选框，单击"创建"按钮，新建一个 HTML 文档，如图 1-5 所示。

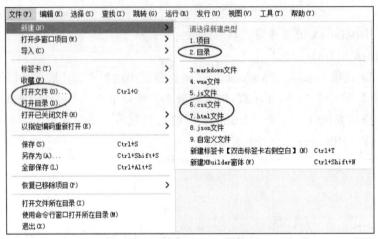

图 1-4　HBuilder X 的"文件"菜单

图 1-5　新建 HTML 文件

　　④ 在文档中输入 html:5，然后按【Tab】键，如图 1-6 所示，可看到 html:5 这个缩写被扩展成了完整的一段 HTML 代码，如图 1-7 所示。

图 1-6　HTML5 文档结构的缩写和扩展键

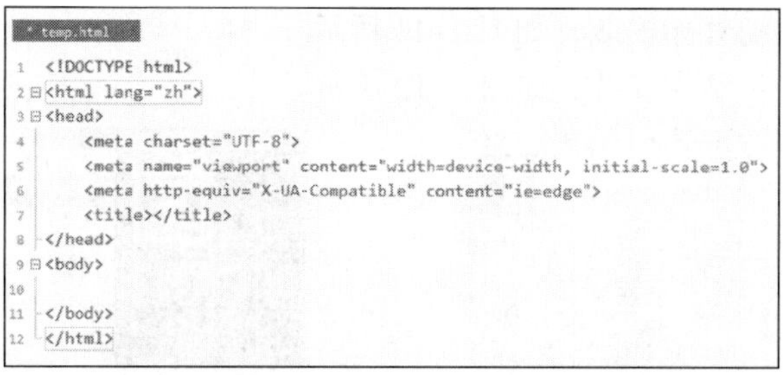

```
* temp.html
1   <!DOCTYPE html>
2 ⊟ <html lang="zh">
3 ⊟ <head>
4       <meta charset="UTF-8">
5       <meta name="viewport" content="width=device-width, initial-scale=1.0">
6       <meta http-equiv="X-UA-Compatible" content="ie=edge">
7       <title></title>
8   </head>
9 ⊟ <body>
10
11  </body>
12  </html>
```

图 1-7　缩写被扩展生成的 HTML 代码

任务 1.2.2　安装 Sublime Text3

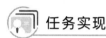 **任务实现**

步骤 1：获得软件。

从官网 www.sublimetext.com 上可以免费下载最新版的该软件（英文安装版，带 Emmet 插件），如图 1-8 所示。也可以下载网上共享的汉化解压版（注意要带 Emmet 插件）。

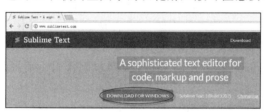

图 1-8　Sublime Text 官网下载链接

Emmet 插件是提供缩写扩展功能的一个软件包，大部分网页编辑器都自带该插件或支持 Emmet 插件，有了该插件后网页编辑器才更方便于快速输入 HTML 和 CSS 代码。

步骤 2：安装软件。

下面介绍从官网下载的 Sublime Text 3 英文安装版的安装步骤。

① 双击安装包（文件名如 Sublime Text Build 3207 x64 Setup.exe），指定软件的安装位置，单击 Next 按钮，如图 1-9 所示。

② 直接单击 Next 按钮，如图 1-10 所示。

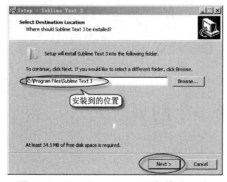

图 1-9　Sublime Text 3 安装（一）

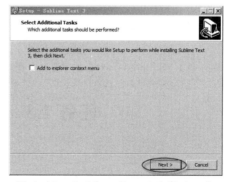

图 1-10　Sublime Text 3 安装（二）

③ 单击 Install 按钮开始安装，如图 1-11 所示。

④ 单击 Finish 按钮结束安装，如图 1-12 所示。

 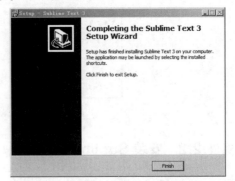

图 1-11　Sublime Text 3 安装（三）　　　图 1-12　Sublime Text 3 安装（四）

步骤 3：使用软件。

从"开始"菜单中找到 Sublime Text 3，单击即可启动该软件。选择 File 菜单中的 New、Open 等命令，可以新建文件，打开文件或文件夹，常用的几个选项如图 1-13 所示。

选择 File → New File 命令，新建一个文件，但文件还没有明确的类型，按【Ctrl+S】组合键将其保存为扩展名为.html 的文件（如 index.html，文件位置任意）。

在文档中输入 html:5，然后按【Tab】键，此时如果自动生成 HTML5 文档的基本结构，如图 1-14 所示，说明 Emmet 插件已起作用，如果未起作用，则需要重新安装带该插件的编辑器，或者手动输入文档的内容。

图 1-13　Sublime Text 3 的"File"菜单项　　　图 1-14　HTML5 文档结构

任务 1.3　分析第一个网页

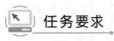 **任务要求**

请实现第一个网页，并通过分析第一个网页解释 HTML 标签和 HTML 元素的概念，解释

HTML 文档的基本结构。

任务分析

实现一个简单的网页，在浏览器标题栏和浏览器客户区分别显示一些文字，并基于该网页解释基本概念和文档的基本结构。

微　课
体验第一个网页

知识概括

HTML 元素包括 HTML 标签以及它们所包围的内容。

头部元素（head）和主体元素（body）是 HTML 文档最主要的组成部分，头部元素用于描述文档本身的一些信息，主体元素用于描述浏览器客户区中要显示的信息。

任务实现

1．编辑和浏览网页

在任务 1.2.2 中创建的 HTML 文档就是一个网页，在编辑器中看到的这段代码，通过浏览器浏览时，将不再是代码，而是一个网页。因为浏览器就是一种解析器，它能解析 HTML 代码、CSS 代码和 JavaScript 代码，将它们解析成网页内容、样式和动作。

编辑<title>和</title>之间的内容，例如：

```
<title>我的第一个网页</title>
```

在<body>和</body>之间添加内容，例如：

```
<body>
    <h1>我的第一个网页</h1>
    <p>我的第一个网页我的第一个网页。</p>
</body>
```

按【Ctrl+S】组合键保存文件。

如果是 HBuilder X 编辑器，在"运行"菜单中的"运行到浏览器"下面选择某个浏览器，即可在指定的浏览器中看到你的第一个网页。如果是 Sublime Text 3 编辑器，在文档中右击，选择 Open Containing Folder 命令，可快速在文件夹中定位该文件。右击文件，在"打开方式"中选择某个浏览器，即可在指定的浏览器中看到你的第一个网页，如图 1-15 所示。

图 1-15　第一个网页

2．掌握 HTML 标签和 HTML 元素的概念

HTML 标签是指由一对尖括号包围的 HTML 关键词，如 <!DOCTYPE>、<html>、<meta>、<h1>、</body>、</html>等。

　　大部分标签是必须要成对出现的，如\<html>和\</html>、\<title>和\</title>、\<h1>和\<h1>等，其中没有斜杠的标签称为开始标签，以斜杠开始的标签称为结束标签。开始标签、结束标签，以及它们所包围的内容，代表一个完整的内容，称为双标签元素。

　　还有一小部分标签是单个出现的，没有结束标签，如\<!DOCTYPE>、\<meta>、\<img>等。这种标签也代表一个完整的内容，称为单标签元素。

　　双标签元素的内容一般在两个标签中间，单标签元素的内容则一般在标签属性中。

3. 掌握 HTML 文档的基本结构

　　HTML 文档实际上是由许许多多的"HTML 元素"构成的文本文档，任何浏览器都可以直接运行该文件。

　　HTML 文档的基本结构主要包括：

- \<!DOCTYPE>（文档类型声明）。
- \<html>\</html>（html 根元素）。
- \<head>\</head>（头部元素）。
- \<body>\</body>（主体元素）。

　　① \<!DOCTYPE>位于文档的最前面，用于告知浏览器当前文档是什么版本的，这样浏览器才能正确解析该文档。

　　HTML5 的 DOCTYPE 声明如下：

```
<!DOCTYPE html>
```

　　② html 根元素位于 DOCTYPE 元素之后，\<html>标志着 HTML 文档的开始，\</html>标志着 HTML 文档的结束，在它们之间的是文档的头部和主体内容。

　　\<html lang="en">中的 lang="en"表示该网页是英文网页，lang 属性主要用于告知搜索引擎该网页的自然语言是什么。正如我们所见，它并没有影响中文网页在浏览器中的显示，但是，按照规范应该将其改为 lang="zh-cn"，zh-cn 表示简体中文。

　　③ head 元素用于定义 HTML 文档本身的相关信息（元数据），主要用来包含 title、meta、link 及 style 等元素。

　　\<meta charset="UTF-8">中的 charset="UTF-8" 用于告知浏览器文档的字符集是 UTF-8 编码，相当于文档在向浏览器声明："你要用 UTF-8 编码来解析文档中的中文"。该属性是否正确设置是浏览器中是否出现中文乱码的关键。该属性的设置和文档本身的字符集必须一致，否则就会出现中文乱码。默认情况下，在 HBuider X 和 Sublime Text 编辑器中创建的文档的字符集就是 UTF-8。

　　title 元素用于包围显示在浏览器的标题栏中的文本，如图 1-16 所示。

　　head 元素中唯有 title 元素的内容会出现在浏览器中，其他元素都不会显示在浏览器中。

　　④ body 元素用于定义 HTML 文档在浏览器的客户区中显示的所有内容，也就是说，用户所看到的所有的信息当中，除了浏览器的标题栏中的信息，其他都是 body 元素中的信息，所以可以简单地理解为"body 元素代表整个网页"，以上任务 1.2 中添加的 h1 元素和 p 元素的显示结果如图 1-16 所示。

图 1-16 文档中的元素

任务 1.4 了解网页编辑和调试技巧

 **任务要求**

请归纳常用的网页编辑技巧和网页调试技巧。

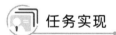 **任务分析**

好的网页编辑器都提供很方便的输入功能,网页编辑技巧的关键在于充分利用网页编辑器的功能。主流浏览器都提供面向开发者的网页调试工具,网页调试技巧的关键在于充分利用浏览器的功能。

微 课

了解网页编辑和调试技巧

知识概括

以缩写扩展的方式输入代码可提高效率,不易出错。通过浏览器的开发者工具观察和修改代码,可深入了解 HTML 元素的各种属性。

任务实现

1. 利用编辑器的功能提高编辑效率

安装了 Emmet 插件的编辑器,都提供代码扩展功能,输入 HTML 代码时不必一个字符一个字符地输入,输入缩写代码再按扩展键(大部分编辑器的默认扩展键为【Tab】键)即可得到代码片段,下面举例说明,希望读者举一反三,或上网查阅更多的缩写方法。

① 输入 h1,然后按【Tab】键,得到<h1></h1>。

② 输入 p,然后按【Tab】键,得到<p></p>。

③ 输入 div,然后按【Tab】键,得到<div></div>。

④ 输入 ul>li*3,然后按【Tab】键,得到:

```
<ul>
    <li></li>
    <li></li>
    <li></li>
```

```
    </ul>
```

⑤ 输入 table>tr>td，然后按【Tab】键，得到：

```
<table>
    <tr>
        <td></td>
    </tr>
</table>
```

2．利用浏览器的功能调试网页

所有的主流浏览器都提供开发者工具，其作用是帮助开发人员观察和调试网页。在浏览器窗口中右击，选择"检查"命令（或"审查"命令，因浏览器而不同），可显示出浏览器的开发者工具窗口，如图 1-17 所示。在此窗口中可以查看和修改正在浏览的网页的 HTML 代码和每个元素的相关 CSS 代码，修改后能立即看到浏览效果。但是，在这里进行的修改并不会真正改变 HTML 文档的内容，刷新浏览器即可看到原来的网页代码，所以开发者工具窗口是用于观察和调试网页的非常好的工具。

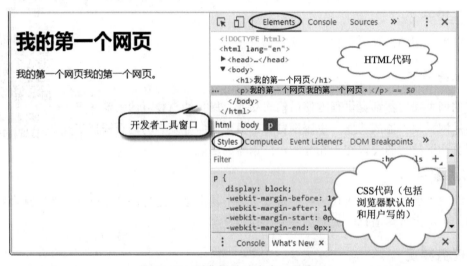

图 1-17　浏览器的开发者工具窗口

单 元 小 结

在本单元中，介绍了 HTML、HTML5、CSS、CSS3、HTML 标签、HTML 元素、HTML 文档等基本概念，学习了常用网页编辑器的安装和使用方法，了解了必要的网页编辑和调试技巧，做好了网页制作必需的准备工作。

习　题

1．HTML 是什么？
2．超文本指什么样的文本？

3. HTML 文档和网页之间的关系是什么？

4. HTML5 是什么？

5. 所有的浏览器都支持 HTML5 的网页吗？

6. CSS 是什么？

7. HTML 和 CSS 分别负责实现网页的哪部分？

8. CSS3 是什么？

9. 记事本可以用于编辑网页吗？

10. 带 Emmet 的编辑器中如何快速生成 HTML 文档的基本结构？

11. 想在浏览器标题栏里显示的文本在哪个元素中输入？该元素要书写在哪个基本元素内？

12. 想在浏览器客户区中显示的文本在哪个元素中输入？

13. HTML 标签是指什么？

14. <abc>、<xyz>是 HTML 标签吗？为什么？

15. 双标签元素指什么？

16. 单标签元素指什么？

17. 如何写 HTML5 的文档类型声明？

18. head 元素和 body 元素的父元素必须是什么元素？

第2单元 HTML5 常见元素

网页是由很多 HTML 元素组成的，本单元中初步介绍标题、段落、图片、超链接、列表、表格等常见 HTML5 元素。这些元素更详细的知识和应用以及其他元素，将在后面的单元中深入学习。

通过本单元的学习，应该达到以下目标：

● 了解网页上的文字内容用哪些 HTML5 元素来表示。

● 了解网页上的换行效果如何实现。

● 了解如何在网页上显示一张图片。

● 了解如何实现网页之间的跳转。

● 了解如何在网页上显示一张表格、一个列表。

● 了解如何在网页上播放一段音频、一段视频。

任务 2.1　认识标题元素

任务要求

请在网页上显示 6 个不同级别的标题，如图 2-1 所示。

图 2-1　标题元素

微 课

HTML5 常见
元素（一）

任务分析

HTML5 提供表示一级标题到六级标题的 6 种标题元素，将文本用这 6 种标题元素包围即可得到 6 个不同级别的标题。

知识概括

具有标题性质的文本要写在标题元素中。HTML5 提供了 6 个等级的标题元素，即 h1、h2、h3、h4、h5、h6，它们都是双标签元素，字号从 h1 到 h6 递减，文字被加粗，上下有边距。用法如下：

```
<h1>标题文本</h1>
<h2>标题文本</h2>
<h3>标题文本</h3>
…
```

h1 元素用来描述网页中最顶层的标题，一个网页上 h1 元素不能重复出现。h2~h6 是可以重复使用的，但是要注意层次关系。

标题元素应该只用于标题性质的文本，不应该仅仅是为了产生粗体或大号的文本而使用这些元素。因为对于搜索引擎等工具来说标题标签是文档结构的重要标志。

任务实现

步骤 1：打开网页编辑器，新建网页文件 index.html。

步骤 2：打开 index.html，输入以下 HTML 代码。

```
<!DOCTYPE html>
<html lang="zh-cn">
    <head>
        <meta charset="UTF-8">
        <title>标题元素</title>
    </head>
    <body>
        <h1>一级标题</h1>
        <h2>二级标题</h2>
        <h3>三级标题</h3>
        <h4>四级标题</h4>
        <h5>五级标题</h5>
        <h6>六级标题</h6>
    </body>
</html>
```

步骤 3：浏览网页，即可看到如图 2-1 所示的显示结果。

步骤 4：在浏览器窗口中右击，选择"检查"命令打开开发者工具窗口。在开发者工具窗口中依次选择 h1~h6 元素，观察它们自带的上下边距以及其他特点，如图 2-2 所示。

图 2-2 观察标题元素自带的上下边距

任务 2.2　认识段落元素

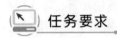 **任务要求**

请在网页上显示一个标题和两个段落，如图 2-3 所示。

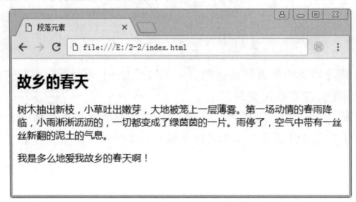

图 2-3　段落元素

任务分析

HTML5 提供表示段落的元素，将文字用这个元素包围即可得到网页上的段落。

知识概括

普通的自成一段的文本要写在段落元素（<p></p>）中。段落元素也有默认的上下边距。

任务实现

步骤 1：打开网页编辑器，新建网页文件 index.html。

步骤 2：打开 index.html，输入以下 HTML 代码。

```
<!DOCTYPE html>
<html lang="zh-cn">
    <head>
        <meta charset="UTF-8">
        <title>段落元素</title>
    </head>
    <body>
        <h2>故乡的春天</h2>
        <p>树木抽出新枝，小草吐出嫩芽，大地被笼上一层薄雾。第一场动情的春雨降临，
小雨淅淅沥沥的，一切都变成了绿茵茵的一片。雨停了，空气中带有一丝丝新翻的泥土的气息。</p>
        <p>我是多么地爱我故乡的春天啊！</p>
    </body>
</html>
```

步骤 3：浏览网页，即可看到如图 2-3 所示的显示结果。请观察 p 元素的显示效果，并在开发者工具窗口中观察它自带的上下边距以及其他特点。

任务 2.3　认识水平线元素、换行元素

任务要求

请在网页显示一个标题和两个段落，标题下面显示一条水平线，两个段落之间显示一个空行，如图 2-4 所示。

图 2-4　水平线元素和换行元素

任务分析

用 HTML5 提供的水平线元素和换行元素即可实现任务所要求的效果。

知识概括

想在网页上产生换行的效果，要用 br 元素（
），在 HTML 文档中输入的回车换行符，在网页上并不能表现为换行，只显示为一个空格。

hr 元素（<hr>）会显示一个水平线。

br 和 hr 元素都是单标签元素。

任务实现

步骤 1：打开网页编辑器，新建网页文件 index.html。

步骤 2：输入以下 HTML 代码。

```
<!DOCTYPE html>
<html lang="zh-cn">
<head>
    <meta charset="UTF-8">
    <title>换行标签、水平线标签</title>
</head>
<body>
    <h2>故乡的春天</h2>
    <hr>
    <p>第一个段落。</p>
    <br>
    <p>第二个段落。</p>
```

```
    </body>
    </html>
```

步骤 3：浏览网页，即可看到如图 2-4 所示的显示结果。

任务 2.4 认识图像元素

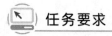 **任务要求**

请在网页上显示两组图文，如图 2-5 所示。

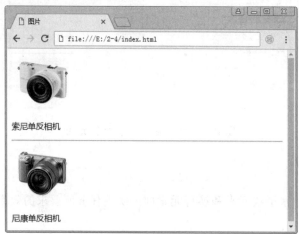

图 2-5 图像元素

微 课●∙∙∙∙∙∙∙∙∙

HTML5 常见
元素（二）

任务分析

用 HTML5 提供的引用图片文件的元素，即可实现任务所要求的网页。

知识概括

想在网页上显示一张图片，要用 img 元素（<img>），它是单标签元素。img 元素本身并不能生成图片，它的作用只是将独立存在的图片文件引用到网页中显示而已。所以，首先要准备好要显示的图片文件。img 元素的用法如下：

```
    <img src="t01.png" alt="">
```

在 src 属性中书写图片文件的路径，浏览网页时图片就会在 img 标签所在的位置显示出来。

任务实现

步骤 1：新建一个文件夹，文件夹内放两个图片文件（如 tu01.png 和 tu02.png）。

步骤 2：打开网页编辑器，在网页编辑器中打开文件夹（可将文件夹直接拖入网页编辑器中），右击文件夹新建网页文件 index.html。

步骤 3：输入以下 HTML 代码。

```
<!DOCTYPE html>
<html lang="zh-cn">
<head>
    <meta charset="UTF-8">
    <title>图片</title>
</head>
<body>
    <img src="tu01.png" alt="">
    <p>索尼单反相机</p>
    <hr>
    <img src="tu02.png" alt="">
    <p>尼康单反相机</p>
</body>
</html>
```

步骤 4：浏览网页，即可看到如图 2-5 所示的显示结果。

任务 2.5　认识超链接

任务要求

请创建两个网页，实现从第一个网页跳转到第二个网页的效果，如图 2-6 和图 2-7 所示。

图 2-6　超链接

图 2-7　超链接的目标网页

任务分析

用 HTML5 提供的超链接，即可实现任务所要求的效果。

知识概括

从一个网页跳转到另一个网页要借助超链接（<a></a>），<a>和</a>之间写可单击的文本，<a>的 href 属性里写链接的目标。a 元素的用法如下：

```
<a href="sub.html">学院简介</a>
```

任务实现

步骤 1：新建一个文件夹。

步骤 2：打开网页编辑器，在网页编辑器中打开文件夹，右击文件夹新建两个网页文件：index.html 和 sub.html。

步骤 3：打开 index.html，输入以下 HTML 代码。

```
<!DOCTYPE html>
<html lang="zh-cn">
<head>
    <meta charset="UTF-8">
    <title>超链接</title>
</head>
<body>
    <a href="sub.html">学院简介</a>
</body>
</html>
```

步骤 4：打开 sub.html，输入以下 HTML 代码。

```
<!DOCTYPE html>
<html lang="zh-cn">
<head>
    <meta charset="UTF-8">
    <title>学院简介</title>
</head>
<body>
    <p>这里是学院简介</p>
</body>
</html>
```

步骤 5：浏览 index.html，即可看到如图 2-6 所示的显示结果。

步骤 6：单击超链接，即可跳转到 sub.html 页，看到如图 2-7 所示的显示结果。

任务 2.6　认识无序列表

任务要求

请在网页上显示一个标题和一个无序列表，如图 2-8 所示。

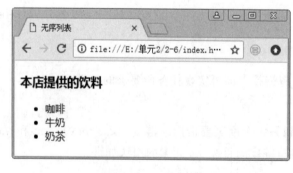

图 2-8　无序列表

微　课
显示列表

任务分析

用 HTML5 提供的无序列表元素，即可实现任务所要求的效果。

知识概括

无序列表用 ul 元素（<ul></ul>）表示，每个列表项用 li 元素（<li></li>）表示。用法如下：

```
<ul>
    <li>咖啡</li>
    <li>牛奶</li>
    <li>奶茶</li>
</ul>
```

任务实现

步骤 1：打开网页编辑器，新建网页文件 index.html。

步骤 2：输入以下 HTML 代码。

```
<!DOCTYPE html>
<html lang="zh-cn">
<head>
    <meta charset="UTF-8">
    <title>无序列表</title>
</head>
<body>
    <h3>本店提供的饮料</h3>
    <ul>
        <li>咖啡</li>
        <li>牛奶</li>
        <li>奶茶</li>
    </ul>
</body>
</html>
```

步骤 3：浏览网页，即可看到如图 2-8 所示的显示结果。

任务 2.7　认识有序列表

任务要求

请在网页上显示一个标题和一个有序列表，如图 2-9 所示。

图 2-9　有序列表

 **任务分析**

用 HTML5 提供的有序列表元素，即可实现任务所要求的效果。

知识概括

有序列表用 ol 元素（<ol></ol>）表示，每个列表项用 li 元素表示（<li></li>）。用法如下：

```
<ol>
    <li>咖啡</li>
    <li>牛奶</li>
    <li>奶茶</li>
</ol>
```

任务实现

步骤 1：打开网页编辑器，新建网页文件 index.html。

步骤 2：输入以下 HTML 代码。

```
<!DOCTYPE html>
<html lang="zh-cn">
<head>
    <meta charset="UTF-8">
    <title>有序列表</title>
</head>
<body>
    <h3>销量排名</h3>
    <ol>
        <li>180 元的纯棉短袖</li>
        <li>160 元的花格子短袖</li>
        <li>200 元的丝光棉短袖</li>
    </ol>
</body>
</html>
```

步骤 3：浏览网页，即可看到如图 2-9 所示的显示结果。

任务 2.8　认识自定义列表

任务要求

请在网页上显示一个标题和一个两级列表，如图 2-10 所示。

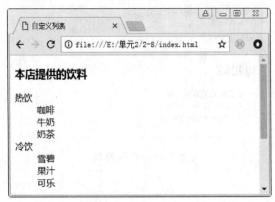

图 2-10　自定义列表

任务分析

用 HTML5 提供的自定义列表元素，即可实现任务所要求的效果。

知识概括

自定义列表用 dl 元素（<dl></dl>）表示，一级列表项用 dt 元素表示（<dt></dt>），二级列表项用 dd 元素（<dd></d/d>）表示。用法如下：

```
<dl>
    <dt>HTML</dt>
    <dd>负责实现网页的结构</dd>
    <dt>CSS</dt>
    <dd>负责实现网页的表现</dd>
    <dt>JavaScript</dt>
    <dd>负责实现网页的行为</dd>
</dl>
```

任务实现

步骤 1：打开网页编辑器，新建网页文件 index.html。

步骤 2：输入以下 HTML 代码。

```
<!DOCTYPE html>
<html lang="zh-cn">
<head>
    <meta charset="UTF-8">
    <title>自定义列表</title>
</head>
<body>
    <h3>本店提供的饮料</h3>
    <dl>
        <dt>热饮</dt>
        <dd>咖啡</dd>
        <dd>牛奶</dd>
        <dd>奶茶</dd>
        <dt>冷饮</dt>
        <dd>雪碧</dd>
        <dd>果汁</dd>
        <dd>可乐</dd>
    </dl>
</body>
</html>
```

步骤 3：浏览网页，即可看到如图 2-10 所示的显示结果。

任务 2.9　认识表格元素

任务要求

请在网页上显示一个三行三列的表格，如图 2-11 所示。

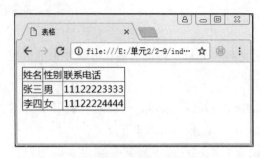

图 2-11　表格元素

微　课
表格、表单及
音频、视频
表示

任务分析

用 HTML5 提供的表格元素，即可实现任务所要求的效果。

知识概括

HTML5 表格由若干行组成，行由若干单元格组成。

表格用 table 元素（<table></table>）表示，表格中的每行用 tr 元素（<tr></tr>）表示，行中的每个单元格用 td 元素（<td></td>）表示。用法如下：

```
<table border="1" cellspacing="0">
    <tr>
        <td>姓名</td>
        <td>性别</td>
    </tr>
    <tr>
        <td>张三</td>
        <td>男</td>
    </tr>
    <tr>
        <td>李四</td>
        <td>女</td>
    </tr>
</table>
```

任务实现

步骤 1：打开网页编辑器，新建网页文件 index.html。

步骤 2：输入以下 HTML 代码。

```
<!DOCTYPE html>
<html lang="zh-cn">
<head>
    <meta charset="UTF-8">
    <title>表格</title>
</head>
<body>
    <table border="1" cellspacing="0">
        <tr>
            <td>姓名</td>
            <td>性别</td>
            <td>联系电话</td>
```

```
            </tr>
            <tr>
                <td>张三</td>
                <td>男</td>
                <td>11122223333</td>
            </tr>
            <tr>
                <td>李四</td>
                <td>女</td>
                <td>11122224444</td>
            </tr>
        </table>
    </body>
</html>
```

步骤 3：浏览网页，即可看到如图 2-11 所示的显示结果。

任务 2.10　认识表单元素

任务要求

请在网页上显示一个简单的注册表单，如图 2-12 所示。

图 2-12　表单元素

任务分析

用 HTML5 提供的表单元素和表单控件元素，即可实现任务所要求的效果。

知识概括

表单是指网页浏览者上传数据时使用的控件的集合，用 form 元素（<form></form>）表示，表单内的控件大部分用 input 元素（<input></input>）表示，通过<input>标签的 type 属性来表示不同的控件。用法如下：

```
<form action="">
    <label for="">用户名</label>
    <input type="text"><br>
    <label for="">密码</label>
    <input type="password"><br>
    <input type="submit" value="登录">
</form>
```

任务实现

步骤 1：打开网页编辑器，新建网页文件 index.html。

步骤 2：输入以下 HTML 代码。

```
<!DOCTYPE html>
<html lang="zh-cn">
<head>
    <meta charset="UTF-8">
    <title>表单</title>
</head>
<body>
    <form action="">
        <label for="">用户名: </label>
        <input type="text"><br>
        <label for="">密码: </label>
        <input type="password"><br>
        <label for="">确认密码: </label>
        <input type="password"><br>
        <input type="submit" value="注册">
    </form>
</body>
</html>
```

步骤 3：浏览网页，即可看到如图 2-12 所示的显示结果。

任务 2.11　认识音频、视频元素

任务要求

请实现一个能播放音频和视频的网页，如图 2-13 所示。

图 2-13　音频、视频元素

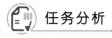

任务分析

用 HTML5 提供的音频元素和视频元素，即可实现任务所要求的效果。

知识概括

网页上播放音频文件需要用 audio 元素（<audio></audio>），<audio>标签的 src 属性表示要播放的音频文件的路径，<audio>标签的 controls 属性表示显示播放控制器。不支持 audio 元素的浏览器，会显示<audio>和</audio>之间书写的文本。用法如下：

```
<audio src="music.mp3" controls>
    您的浏览器不支持 audio 元素
</audio>
```

网页上播放视频文件需要用 video 元素（<video></video>）。用法如下：

```
<video src="movie.ogg" controls>
    您的浏览器不支持 video 元素
</video>
```

audio 和 video 元素目前并不能支持所有的音频和视频格式，而且也不是所有的浏览器都支持 audio 和 video 元素。

任务实现

步骤 1： 新建一个文件夹，文件夹内放一个音频文件（如 music.mp3）和一个视频文件（如 movie.ogg）。

步骤 2： 打开网页编辑器，在网页编辑器中打开文件夹，右击文件夹新建网页文件 index.html。

步骤 3： 输入以下 HTML 代码。

```
<!DOCTYPE html>
<html lang="zh-cn">
<head>
    <meta charset="UTF-8">
    <title>播放音频和视频</title>
</head>
<body>
    <audio src="music.mp3" controls>
        您的浏览器不支持 audio 元素，无法播放音乐
    </audio>
    <video src="movie.ogg" controls>
        您的浏览器不支持 video 元素，无法播放视频
    </video>
</body>
</html>
```

步骤 4： 浏览网页，即可看到如图 2-13 所示的显示结果。

单 元 小 结

　　本单元中所编辑的网页内容总是从浏览器左上角开始显示，并按照书写的顺序从上到下排列，像流水账一样，没有特定的布局。显然，用户需要的不是这种网页。

　　其实，制作网页时，除了使用本单元中认识的这些常见元素外，还需要使用很多专用于表示网页结构的元素，这些元素相当于一个个盒子，用这些盒子把零散的元素装起来，然后将盒子进行上下或左右排列，或者在网页上自由定位，这样才能实现有特定布局的网页。当然，控制网页的布局和美化网页，还需要配合使用大量的 CSS 代码。

习　　题

1. 请说出标题元素的两个特点。
2. 请说出段落元素的一个特点。
3. 最大的标题是 h1 还是 h6？
4. 本单元中认识的 HTML5 元素中哪些是单标签元素？
5. 通过 img 元素显示图像是直接在网页上画图还是引用独立存在的图像文件？
6. 无序列表和有序列表的区别是什么？
7. HTML5 表格的结构是什么样的？
8. 表单是什么？
9. HTML 文档中的换行符在浏览器中会表现为换行吗？
10. audio 元素和 video 元素支持所有的音频和视频格式吗？

 **第 3 单元 网页整体布局的搭建**

从整体结构来看，网页是由大大小小的"盒子"组成的，大盒子里套着小盒子，小盒子里装着零散的元素。制作网页要有整体规划的概念，先搭建结构，然后再往里填充零件。

通过本单元的学习，应该达到以下目标：

● 学会从整体布局入手制作网页。

● 掌握典型的网页布局的实现方法。

● 掌握 div、header、nav、aside、section、footer、style 等 HTML 元素的用法。

● 掌握内部样式表的写法。

● 掌握元素的 class 属性的用法及元素选择器、类选择器的概念。

● 掌握 width、height、background-color、border、float、margin、padding 等 CSS 属性的用法。

● 掌握盒模型、行级元素、块级元素、行内块元素、浮动等概念。

任务 3.1 单列布局的搭建

单列布局是最简单的一种网页布局，网页的主体内容一行一行地垂直排列。这种布局不仅是手机端页面最常见的布局，在 PC 端页面中也很常见。

 **任务要求**

请实现一个最简单的单列布局网页，只体现布局，不需要包含实质性内容，如图 3-1 所示。

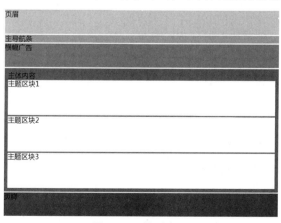

图 3-1 单列布局

任务分析

主要用到"盒子"元素：页眉用 header 元素，主导航条用 nav 元素，主题区块用 section 元素，页脚用 footer 元素，横幅广告用 div 元素，主题区块外面的盒子也用 div 元素。以上所有内容还要全部放到一个大盒子里，大盒子也用 div 元素。

设置每个盒子的宽、高、外边距、内边距、背景色等样式属性。

任务 3.1.1 网页结构的实现

微 课

网页结构的
实现

任务实现

步骤 1：打开网页编辑器，新建网页文件 index.html。

步骤 2：打开 index.html，写 HTML 代码，搭建网页结构。

```
<!DOCTYPE html>
<html lang="zh-cn">
<head>
    <meta charset="UTF-8">
    <title>单列布局</title>
</head>
<body>
    <div>
        <header>页眉</header>
        <nav>主导航条</nav>
        <div>横幅广告</div>
        <div>
            主体内容
            <section>主题区块 1</section>
            <section>主题区块 2</section>
            <section>主题区块 3</section>
        </div>
        <footer>页脚</footer>
    </div>
</body>
</html>
```

步骤 3：浏览网页，观察和分析呈现的效果。

此时浏览网页，只会看到浏览器左上角位置显示一些文字，如图 3-2 所示。因为包含这些文字的 div、header、nav、section、footer 等元素，默认情况下既没有背景色也没有边框，所以浏览时看不到它们的边界。

所以，接下来要通过 CSS 代码实现对以上这些元素的样式设置，即进行宽、高、背景色等属性的设置。

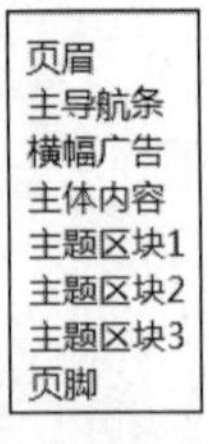

```
页眉
主导航条
横幅广告
主体内容
主题区块1
主题区块2
主题区块3
页脚
```

图 3-2 网页初始浏览效果

知识解读

1．无语义的"盒子"元素

div 元素（<div></div>）：div 元素表示一个盒子，它是装别的元素的容器。div 的默认宽度为 100%，即横向占满其父容器的可用空间。div 的默认高度为 auto，即自适应其内容，由其内容来撑起 div 的高度。

2．语义化的"盒子"元素

（1）header 元素（<header></header>）

header 元素表示头部盒子，如网页头部、网页上主题区块的头部等，它也是装别的元素的容器。跟 div 相比，它有"头部"这样一个语义。header 元素的默认宽高特性跟 div 一样。

（2）nav 元素（<nav></nav>）

nav 元素表示导航盒子，它也是装别的元素的容器。跟 div 相比，它有了"导航"这样一个语义。nav 元素的默认宽高特性跟 div 一样。

（3）section 元素（<section></section>）

section 元素表示一个主题区块，即一个章节、一个栏目、一段相对独立的内容等，它也是装别的元素的容器。跟 div 相比，它有了"主题区块"这样一个语义。section 元素的默认宽高特性跟 div 一样。

（4）footer 元素（<footer></footer>）

footer 元素表示底部盒子，网页底部、网页上主题区块的底部等，它也是装别的元素的容器。跟 div 相比，它有了"底部"这样一个语义。footer 元素的默认宽高特性跟 div 一样。

任务 3.1.2　网页样式的实现

任务实现

步骤 1：为 3 个 div 元素设置 class 属性（类名），以便在 CSS 代码中用该类名引用它们。请关注带下画线的部分：

微　课

网页样式的
实现

```
<body>
    <div class="container">
        <header>页眉</header>
        <nav>主导航条</nav>
        <div class="banner">横幅广告</div>
        <div class="content">
            主体内容
            <section>主题区块 1</section>
            <section>主题区块 2</section>
            <section>主题区块 3</section>
        </div>
        <footer>页脚</footer>
    </div>
</body>
```

步骤 2：写 CSS 代码，为 body 元素内的所有元素设置合适的宽高和背景色等属性。请关注</head>的上面增加的 style 元素：

```html
<head>
    <meta charset="UTF-8">
    <title>单列布局</title>
    <style type="text/css">
    .container{
        width: 1200px;
        margin: 0 auto;
    }
    header{
        height: 100px;
        background-color: #ccc;
    }
    nav{
        height: 32px;
        margin-top: 5px;
        background-color: #aaa;
    }
    .banner{
        height: 100px;
        margin-top: 5px;
        background-color: #888;
    }
    .content{
        margin-top: 5px;
        padding: 15px;
        background-color: #666;
    }
    section{
        margin-top: 5px;
        height: 150px;
        background-color: #fff;
    }
    footer{
        height: 100px;
        margin-top: 5px;
        background-color: #444;
    }
    </style>
</head>
```

步骤 3：浏览网页，观察和分析呈现的效果。

此时浏览网页，基本上可以看到任务要求里的浏览效果，只是在页眉的上面还有一道空白，如图 3-3 所示。这个空白并不是我们计划内的，它是 html 元素或 body 元素（整个网页）默认的外边距或内边距，这些值会因浏览器不同而不同。所以，有必要清零这些计划外的内外边距。

图 3-3　html 元素或 body 元素默认的外边距或内边距

步骤 4：清零元素默认的内外边距，达到任务要求的效果。

```
<style type="text/css">
html,body{
    margin: 0;
    padding: 0;
}
.container{
    width:1200px;
    margin:0 auto;
}
...
</style>
```

知识解读

1．style 元素（<style></style>）

style 元素用于包围 CSS 代码，要写在<head>和</head>之间，一般写在 head 元素的末尾位置，即</head>的上面。

2．内部样式表

CSS 代码（样式表）可以写在 3 个不同的地方，写在单独的 CSS 文件中的 CSS 代码称为外部样式表，写在网页的 style 元素内的 CSS 代码称为内部样式表，写在 HTML 元素的 style 属性内的 CSS 代码称为行内样式表。

3．元素的 class 属性

class 属性用于给元素设置类名（也称 class 名），类名的用处在于根据该名称对元素设置 CSS 样式，或者在 JavaScript 代码中通过该名称获取元素。一个元素可以有多个类名，不同的元素可以有相同的类名。例如：

```
<div class="container box1">
```

```
    <header class="box2">页眉</header>
    ...
    <footer class="box2">页脚</footer>
</div>
```

class 属性是全局属性，任何元素都可以有 class 属性。

4．CSS 代码的组成

（1）CSS 规则

CSS 代码（样式表）由一条条 CSS 规则组成。CSS 规则的写法如下：

```
选择器{
    CSS 属性：值；
    CSS 属性：值；
    ...
}
```

（2）选择器

选择器指明了{}中的样式的作用对象，也就是样式作用于网页上的哪些元素。

5．选择器的类别

（1）元素选择器（标签选择器）

直接写元素，就称为元素选择器或标签选择器。例如：

```
header{
    CSS 属性：值；
    CSS 属性：值；
    ...
}
```

表示这条样式规则将作用于网页上的所有 header 元素。

```
div{
    CSS 属性：值；
    CSS 属性：值；
    ...
}
```

表示这条样式规则将作用于网页上的所有 div 元素。

（2）类选择器（class 选择器）

写成".xxx"的选择器，就称为类选择器，它表示 class="xxx"的所有元素（即类名为 xxx 的所有元素）将使用该样式。例如：

```
.container{
    CSS 属性：值；
    CSS 属性：值；
    ...
}
```

表示这条样式规则将作用于类名为 container 的所有元素。

（3）群组选择器（分组选择器）

多个选择器之间用逗号分隔，写成一组，就称为群组选择器，表示这些选择器所代表的元素都将使用该样式。例如：

```
.box1, .box2{
    CSS 属性: 值;
    CSS 属性: 值;
    …
}
```

表示这条样式规则将作用于类名为 box1 和 box2 的所有元素。

```
html,body{
    CSS 属性: 值;
    CSS 属性: 值;
    …
}
```

表示这条样式规则将作用于 html 元素和 body 元素。

```
header, .head{
    CSS 属性: 值;
    CSS 属性: 值;
    …
}
```

表示这条样式规则将作用于所有 header 元素和类名为 head 的所有元素。

6. 盒模型

每个元素都占据着一个盒形的页面空间，这个页面空间由内而外由内容盒、内边距盒、边框盒和外边距盒组成，如图 3-4 所示。

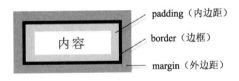

图 3-4　盒模型

默认情况下，给元素设置的 width（宽）和 height（高）是内容盒的宽高。除了宽和高之外，元素还有 padding（内边距）、border（边框）和 margin（外边距）属性，只不过这些属性的值可以是 0 或无，元素实际占用的页面空间是外边距盒的空间。

7. 盒模型相关 CSS 属性

（1）margin-top、margin-bottom、margin-left、margin-right 属性

margin-top 表示元素的顶部外边距，margin-bottom 表示元素的底部外边距，margin-left 表示元素的左外边距，margin-right 表示元素的右外边距。外边距是元素的边框以外的空白（无论边框线是否存在）。

让块级元素（在下一个任务中介绍此概念，本任务中出现的所有元素均为块级元素）在其父容器内左右居中（自身居中）的常用方法是设置其左右外边距同时为 auto。例如：

```
margin-left: auto;
margin-right: auto;
```

（2）margin 属性

margin 表示元素的外边距，是元素边框以外的空白（无论边框线是否存在）。有以下几种用法：

```
margin: 上下左右边距;
margin: 上下边距 左右边距;
margin: 上边距 左右边距 下边距;
margin: 上边距 右边距 下边距 左边距;
```

让块级元素在其父容器内左右居中的常用方法是设置其左右外边距同时为 auto。例如：

```
margin: 上下边距 auto;
```

（3）padding-top、padding-bottom、padding-left、padding-right 属性

padding-top 表示元素的顶部内边距，padding-bottom 表示元素的底部内边距，padding-left 表示元素的左内边距，padding-right 表示元素的右内边距。内边距是元素的边框以内的空白（无论边框线是否存在）。

（4）padding 属性

padding 表示元素的内边距，是元素边框以内的空白（无论边框线是否存在）。有以下几种用法：

```
padding: 上下左右边距;
padding: 上下边距 左右边距;
padding: 上边距 左右边距 下边距;
padding: 上边距 右边距 下边距 左边距;
```

（5）width 属性

width 表示元素内容盒子的宽度（默认情况），不设置时 width 的值为 auto。对于本任务中出现的这些元素来说，width 为 auto 意味着元素占满其父元素的可用宽度。

（6）height 属性

height 表示元素内容盒子的高度（默认情况），不设置时 height 的值为 auto，意味着元素的高度取决于其内容。

8. CSS 的长度单位

以上 width、height、margin、padding 等属性的值，需要写长度单位。CSS 的长度单位有多种，本任务中用的 px 的含义是"像素"。

9. background-color 属性

background-color 表示元素的背景颜色。颜色值有多种表示方法，本任务中用的是"三位十六进制数"表示法，这三位分别表示组成该颜色的红、绿、蓝 3 个基色。以#号开头，每位上写一个十六进制数字，即 0、1、2、3、4、5、6、7、8、9、a、b、c、d、e、f 这 16 个数字之一。例如，#f00 表示红色，#0f0 表示绿色，#00f 表示蓝色，#000 表示黑色，#fff 表示白色。

扩展练习

如果将 class="container" 的 div（即最外层盒子）去掉，那么相应地如何修改 CSS 代码，才能得到同样的网页浏览效果？请动手尝试。

任务 3.2　左宽右窄两列布局（F 式布局）的搭建

用户在浏览网页时，习惯从左到右阅读，然后向下移动，再继续从左到右阅读。与这种 F 式的浏览轨迹对应的网页布局就是 F 式布局，即靠左的一栏相对较宽，展示主要的内容，靠右的侧边栏展示链接、广告等。

微　课

F 式布局的搭建

 任务要求

请实现一个最简单的 F 式布局网页，只体现布局，不需要包含实质性内容，如图 3-5 所示。

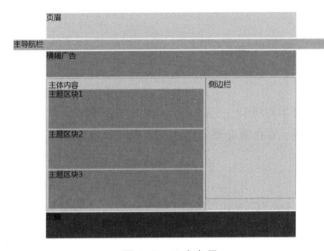

图 3-5　F 式布局

 **任务分析**

因为主导航栏是全宽的，所以页眉和主导航栏不能放在大盒子里，将其他元素都放在大盒子里。页眉设置宽度和自身居中，主导航栏不设置宽度即可实现全宽。大盒子设置宽度和自身居中。

侧边栏的盒子用 aside 元素，侧边栏与主体内容的左右并排通过浮动来实现。

任务 3.2.1　网页结构的实现

任务实现

步骤 1：打开网页编辑器，新建网页文件 index.html。

步骤 2：打开 index.html，写 HTML 代码，搭建网页结构。

```
<!DOCTYPE html>
<html lang="zh-cn">
<head>
```

```
        <meta charset="UTF-8">
        <title>F 式布局</title>
    </head>
    <body>
        <header>页眉</header>
        <nav>主导航栏</nav>
        <div>
            <div>横幅广告</div>
            <div>
                主体内容
                <section>主题区块 1</section>
                <section>主题区块 2</section>
                <section>主题区块 3</section>
            </div>
            <aside>侧边栏</aside>
        </div>
        <footer>页脚</footer>
    </body>
</html>
```

步骤 3：浏览网页，观察和分析呈现效果。

此时浏览网页，跟任务 3.1.1 一样，只会看到浏览器左上角位置显示一些文字，如图 3-6 所示。所以，接下来同样要通过编写 CSS 代码，对以上这些元素设置必要的样式，才能一步步实现所要求的效果。

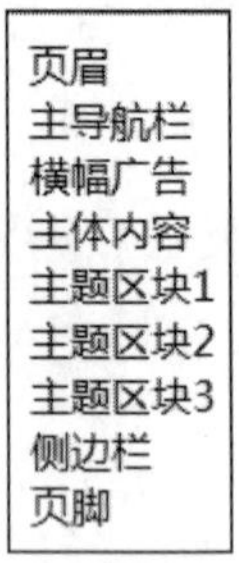

```
┌───────────┐
│ 页眉      │
│ 主导航栏   │
│ 横幅广告   │
│ 主体内容   │
│ 主题区块1  │
│ 主题区块2  │
│ 主题区块3  │
│ 侧边栏    │
│ 页脚      │
└───────────┘
```

图 3-6　网页初始浏览效果

知识解读

1．aside 元素（<aside></aside>）

aside 元素表示一个侧边盒子，表示与主体内容相关的附属内容，它也是装别的元素的容器。跟 div 相比，它有了"附属"这样一个语义。 aside 元素的默认宽高特性跟 div 一样。

2．块级元素

独占一行的元素称为块级元素，无论其实际占用的宽度（外边距盒的宽度）是否为 100%，均不允许别的元素与其同在一行。本单元的任务中出现的所有元素（div、header、nav、aside、section、footer）均为块级元素。要把多个块级元素显示在同一行上，要么浮动它们，要么把它们改为行内块元素。

3．行内元素（行级元素、内联元素）

允许与别的元素同在一行，且不能设置其宽高的元素称为行内元素或内联元素。

4．行内块元素

允许与别的元素同在一行，且能够设置其宽高的元素称为行内块元素。

任务 3.2.2　网页样式的实现

 **任务实现**

步骤 1：为 3 个 div 元素设置 class 属性，以便在 CSS 代码中用类名引用。请关注带下画

线的部分：

```
<body>
    <header>页眉</header>
    <nav>主导航栏</nav>
    <div class="box">
        <div class="banner">横幅广告</div>
        <div class="content">
            主体内容
            <section>主题区块 1</section>
            <section>主题区块 2</section>
            <section>主题区块 3</section>
        </div>
        <aside>侧边栏</aside>
    </div>
    <footer>页脚</footer>
</body>
```

步骤 2：写 CSS 代码，为 body 内的所有元素设置合适的宽高和背景色等属性。请关注
</head>上面增加的 style 元素：

```
<head>
    <meta charset="UTF-8">
    <title>F 式布局</title>
    <style type="text/css">
    html,body{
        margin: 0;
        padding: 0;
    }
    header{
        width:1000px;
        height: 100px;
        background-color: #ccc;
        margin: 0 auto;
    }
    nav{
        height: 40px;
        margin-top: 5px;
        background-color: #aaa;
    }
    .box{
        width: 1000px;
        margin: 0 auto;
        background-color:#ccc;
    }
    .banner{
        width:  100%;
        height: 100px;
        margin: 5px auto;
        background-color: #888;
    }
    .content{
```

```
        width:    620px;
        padding: 9px;
        border:  solid 1px #666;
        /*.content 占用的空间宽度为 620+9*2+1*2=640px*/}
    section{
        margin-top: 5px;
        height: 150px;
        background-color: #888;
    }
    aside{
        width:    340px;
        height:   450px;
        padding: 9px;
        border:solid 1px #666;
        /*aside 占用的空间宽度为 340+9*2+1*2=360px*/}
    footer{
        width:   1000px;
        height:  100px;
        background-color: #333;
        margin: 5px auto;
    }
    </style>
</head>
```

步骤 3：浏览网页，观察和分析呈现效果。

此时浏览网页，主体内容和侧边栏是垂直排列的，如图 3-7 所示。尽管宽度已经设置合理（.box 的内容宽度为 1000px，.content 的总宽度为 640px，aside 的总宽度为 360px）。这是因为 div 和 aside 都是块级元素，无论它们的宽度是多少，都要各自独占一行。要想让两个块级元素同在一行，要么让它们浮动，要么把它们改为行内块元素。下面用浮动的方法解决。

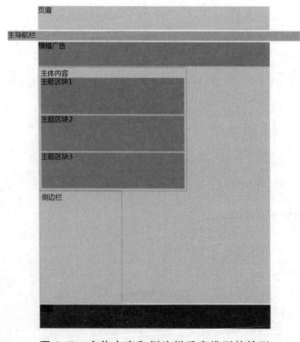

图 3-7　主体内容和侧边栏垂直排列的情形

步骤 4：修改 CSS 代码（带下划线部分），让主体内容和侧边栏在同一行上并排，达到任务要求的效果：

```
.box{
    width: 1000px;
    margin: 0 auto;
    background-color: #ccc;
    overflow: hidden;                  /*清除浮动*/
}
.content{
    float:left;                        /*向左浮动*/
    width:620px;
    padding: 9px;
    border:solid 1px #666;
    /*.content 占用的空间宽度为 620+9*2+1*2=640px*/
}
aside{
    float:right;                       /*向右浮动，向左浮动也可以*/
    width:340px;
    height:450px;
    padding: 9px;
    border:solid 1px #666;
    /*aside 占用的空间宽度为 340+9*2+1*2=360px*/
}
```

知识解读

1. border、border-top、border-bottom、border-left、border-right 属性

border 表示元素的边框。有以下几种用法：

```
border: 上下左右边框线的线型、粗度、颜色；
border-top: 上边框线的线型、粗度、颜色；
border-bottom: 下边框线的线型、粗度、颜色；
border-left: 左边框线的线型、粗度、颜色；
border-right: 右边框线的线型、粗度、颜色；
以上各属性的值还可以是none，表示边框线不存在
```

2. 浮动的概念

元素浮动，是指元素脱离标准文档流，向左或向右移动，直到它的边缘碰到父元素边缘或另一个浮动的元素的边缘为止。块级元素浮动后将不独占一行，如果没设置宽度它会尽可能地窄。

图 3-8 ~ 图 3-15 说明了浮动的元素的各种特性。

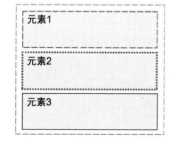

图 3-8　标准文档流中的 3 个元素

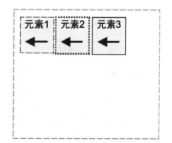

图 3-9　3 个元素均向左浮动

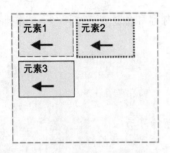

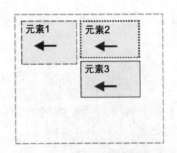

图 3-10　元素 2 右边的空间不够，
元素 3 向下移动

图 3-11　元素 3 被元素 1 挡住了，
无法再向左移动

图 3-12　元素 1 向右浮动
（元素 2 为行内或行内块元素时）

图 3-13　元素 1 向右浮动
（元素 2 为块级元素时）

图 3-14　元素 1 向左浮动
（元素 2 为行内或行内块元素时）

图 3-15　元素 1 向左浮动
（元素 2 为块级元素时）

3. float 属性

float 表示元素是向左浮动、向右浮动还是不浮动，默认情况是 float: none，表示不浮动，float: left 表示左浮动，float: right 表示右浮动。

4. 浮动带来的副作用

① 正常的子元素会自动被其父元素包围。例如：

```html
<!DOCTYPE html>
<html lang="en">
<head>
  <meta charset="UTF-8">
  <title>浮动带来的副作用</title>
  <style type="text/css" >
  .a1{
    width: 200px;
```

```
        padding: 5px;
        border:  solid 1px #000;
    }
    .a2{
        width: 100px;
        border:solid 1px #ccc;
    }
    .a3{
        width: 200px;
        padding: 5px;
        border:  solid 1px #000;
    }
    </style>
</head>
<body>
    <div class="a1">
        <div class="a2">子元素子元素子元素</div>
    </div>
    <div class="a3">后续元素后续元素</div>
</body>
</html>
```

浏览结果如图 3-16 所示。

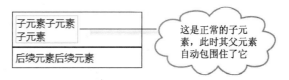

图 3-16　父元素包围正常的子元素的情形

② 子元素浮动后,其父元素无法自动包围住它(因为它已经脱离了标准的文档流),从而会引发后续元素的布局混乱,这是浮动带来的副作用。

请将以上代码中的子元素设置为浮动,即如下修改 CSS 代码(下画线部分):

```
.a2{
    float: left;
    width: 100px;
    border:solid 1px #ccc;
}
```

此时再浏览,会看到如图 3-17 所示的效果。

图 3-17　父元素无法包围浮动了的子元素的情形

③ 正常的块级元素会各自独占一行垂直排列。例如：

```
<!DOCTYPE html>
<html lang="en">
<head>
    <meta charset="UTF-8">
    <title>浮动带来的副作用</title>
    <style type="text/css" >
    .a1{
        width: 200px;
        border: dashed 1px #000;
    }
    .a2{
        width: 200px;
        border:dashed 1px #000;
    }
    .a3{
        width: 600px;
        border: solid 2px #000;
    }
    </style>
</head>
<body>
    <div class="a1">元素 1元素 1元素 1</div>
    <div class="a2">元素 2元素 2元素 2</div>
    <div class="a3">后续元素后续元素</div>
</body>
</html>
```

浏览结果如图 3-18 所示。

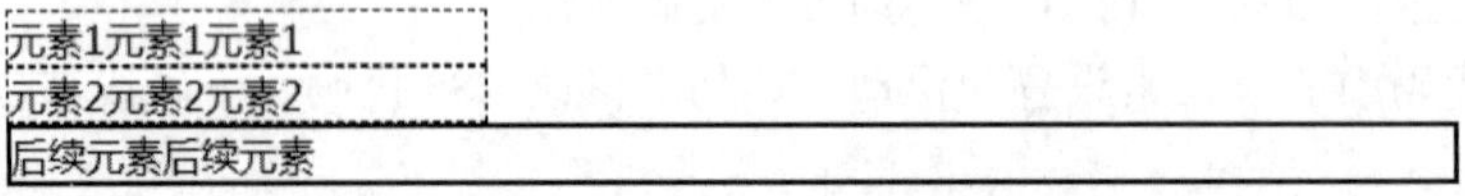

图 3-18　块级元素垂直排列的情形

④ 前面的元素浮动后，后面的元素会表现为"有空就钻上来"，即影响后续元素原有的布局，这也是浮动带来的副作用。

请将以上代码中的元素 1 和元素 2 设置为浮动，即如下修改 CSS 代码（下画线部分）：

```
.a1{
    float: left;
    width: 200px;
    border: dashed 1px #000;
}
.a2{
    float: left;
    width: 200px;
    border: dashed 1px #000;
}
```

此时再浏览，会看到如图 3-19 所示的效果。

元素1元素1元素1	元素2元素2元素2	后续元素后续元素

图 3-19　浮动的元素影响后续元素布局的情形

5．清除浮动

清除浮动指的是消除浮动的元素对其后续元素的影响。常用的清除浮动的方法有以下几种：

① 为父元素设置高度（height），使其能够包围住浮动了的子元素。

在以上案例中增加如下 CSS 代码（下画线部分），即可消除浮动带来的副作用。

```
.a1{
    width: 200px;
    padding: 5px;
    border: solid 1px #000;
    height: 50px;
}
```

② 为父元素设置如下样式：

```
overflow: hidden;
```

本任务中用的就是此方法。

但是，overflow: hidden 并不是只有清除浮动的作用。其最根本的作用是：元素的内容超出元素的尺寸时，对溢出的部分进行隐藏。有的场合下不能隐藏溢出的部分（如下拉菜单式导航），就不能用该方法来清除浮动。

③ 在受影响的后续元素的前面加一个专用于清除浮动的 div。

在以上"4. 浮动带来的副作用"②中，增加如下 div（下画线部分），即可消除浮动带来的副作用。

```
<body>
    <div class="a1">
        <div class="a2">子元素子元素子元素</div>
        <div style="clear: both"></div>
    </div>
    <div class="a3">后续元素后续元素</div>
</body>
```

在以上"4. 浮动带来的副作用"④中，增加如下 div（下画线部分），即可消除浮动带来的副作用。

```
<body>
    <div class="a1">元素 1 元素 1 元素 1</div>
    <div class="a2">元素 2 元素 2 元素 2</div>
    <div style="clear: both"></div>
    <div class="a3">后续元素后续元素</div>
</body>
```

④ 完全通过 CSS 代码实现以上 3 种介绍的方法（见第 5 单元任务 5.7 的"知识解读"）。

6．clear 属性

① clear: left 指消除"左浮动的元素"对自己的影响。

② clear:right 指消除"右浮动的元素"对自己的影响。

③ clear:both 指消除"左浮动或右浮动的元素"对自己的影响。

7. CSS 注释

CSS 代码中的注释信息要写在 /* 和 */ 之间。

扩展练习

将本任务中页眉页、横幅广告、页脚均改为跟主导航栏一样宽（横向占满浏览器窗口），
请动手尝试。

任务 3.3　三列布局的搭建

任务要求

请实现一个最简单的左中右布局网页，只体现布局不需要包含实质性内容，如图 3-20
所示。

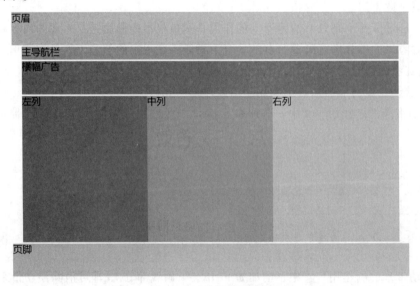

微　课

三列布局的
搭建

图 3-20　左中右布局

任务分析

页眉、页脚为全宽，所以不设宽度，其他都放大盒子里。左中右三列的横排通过浮动实现。

任务 3.3.1　网页结构的实现

任务实现

步骤 1：打开网页编辑器，新建网页文件 index.html。

步骤 2：打开 index.html，写 HTML 代码，搭建网页结构，并为所有 div 元素设置 class

属性（带下画线部分）：

```
<!DOCTYPE html>
<html lang="zh-cn">
<head>
    <meta charset="UTF-8">
    <title>左中右布局</title>
</head>
<body>
    <header>页眉</header>
    <!-- 除了页眉和页脚之外的其他部分宽度都一样 -->
    <!-- 所以把它们放在下面的 div 里，设置统一的宽度 -->
    <div class="container">
        <nav>主导航栏</nav>
        <div class="banner">横幅广告</div>
        <div class="content">
            <div class="left">左列</div>
            <div class="center">中列</div>
            <div class="right">右列</div>
        </div>
    </div>
    <footer>页脚</footer>
</body>
</html>
```

步骤 3：浏览网页，观察和分析浏览效果。

此时浏览网页，跟任务 3.1.1 和 3.2.1 一样，只会看到浏览器左上角位置显示一些文字，如图 3-21 所示。所以，接下来同样要通过编写 CSS 代码，对以上这些元素设置必要的样式，才能一步步实现所要求的效果。

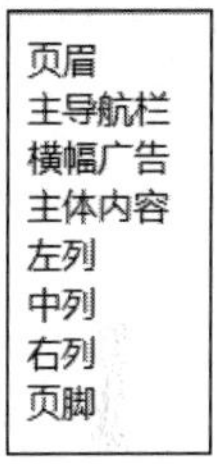

```
页眉
主导航栏
横幅广告
主体内容
左列
中列
右列
页脚
```

图 3-21 网页初始浏览效果

 知识解读

HTML 注释：HTML 代码中的注释信息要写在 `<!--` 和 `-->` 之间，注释信息可以跨越多行。正常的 HTML 代码被`<!--` 和 `-->`包围之后将变成注释信息，不再被浏览器解析。HBuider X 和 Sublime Text 的注释快捷键是【Ctrl+/】，选中需要变成注释的内容，按【Ctrl+/】快捷键，该内容就会变成注释，再次按【Ctrl+/】快捷键则取消注释。

任务 3.3.2 网页样式的实现

任务实现

步骤 1：写 CSS 代码，为 body 内的所有元素设置合适的宽高和背景色等属性。请关注`</head>`的上面增加的 style 元素：

```
<head>
    <meta charset="UTF-8">
    <title>左中右布局</title>
    <style type="text/css">
```

```
html,body{
    margin: 0;
    padding: 0;
}
header{
    height: 100px;
    background-color: #ccc;
}
.container{
    width: 1200px;
    margin: 5px auto;
}
nav{
    height: 40px;
    background-color: #aaa;
}
.banner{
    height: 100px;
    margin-top: 5px;
    background-color: #888;
}
.content{
    margin-top: 5px ;
}
.left{
    width: 400px;
    height: 400px;
    background-color: #888;
}
.center{
    width:400px;
    height:450px;
    background-color: #aaa;
}
.right{
    width: 400px;
    height: 350px;
    background-color: #ccc;
}
footer{
    height: 100px;
    background-color: #ccc;
}
</style>
</head>
```

步骤 2：浏览网页，观察和分析呈现效果。

此时浏览网页，与任务 3.2.2 同理，左列、中列和右列是垂直排列的如图 3-22 所示。尽管宽度已经设置合理（.content 的内容宽度等于.container 的内容宽度，为 1200px，.left 的总宽度为 400px，.center 的总宽度为 400px，.right 的总宽度为 400px）。这是因为 div 是块级元素，无论它们的宽度是多少，都要各自独占一行。要想让 3 个块级元素在一行上并排，要么让它们浮动，要么把它们改为行内块元素。下面用浮动的方法解决。

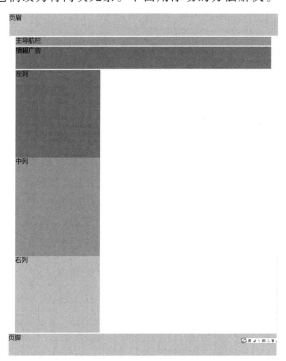

图 3-22　左中右列垂直排列的情形

步骤 3：修改 CSS 代码（带下画线部分），让左中右列在同一行上并列：

```
.content{
    margin-top: 5px ;
    height: 450px;          /*清除浮动*/
}
.left{
    float: left;
    width: 400px;
    height: 400px;
    background-color: #888;
}
.center{
    float: left;
    width: 400px;
    height: 450px;
    background-color: #aaa;
}
.right{
```

```
    float: left;
    width: 400px;
    height: 350px;
    background-color: #ccc;
}
```

步骤 4：浏览网页，确认是否已得到任务要求的效果。

知识解读

1. 上下外边距重叠的现象

① 标准文档流中的两个垂直相邻的块级元素，当上下两个外边距直接相遇时，会产生重叠，重叠后的外边距等于其中较大者。例如：

```
<!DOCTYPE html>
<html lang="zh-cn">
<head>
    <meta charset="UTF-8">
    <title>外边距重叠</title>
    <style>
        .a1{
            width: 200px;
            height: 100px;
            border: solid 1px #f00;
            margin-bottom: 20px;
        }
        .a2{
            width:200px;
            height:100px;
            border: solid 1px #f00;
            margin-top: 10px;
        }
    </style>
</head>
<body>
    <div class="a1"></div>
    <div class="a2"></div>
</body>
</html>
```

浏览结果如图 3-23 所示。

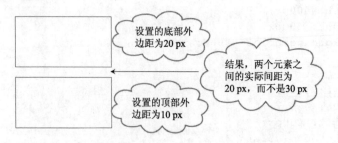

图 3-23　垂直相邻的块级元素上下外边距重叠

② 标准文档流中的两个内外嵌套的块级元素，当两个上外边距或两个下外边距直接相遇时，会产生重叠，重叠后的外边距等于其中较大者，而且表现为父元素的外边距。例如：

```
<!DOCTYPE html>
<html lang="zh-cn">
<head>
    <meta charset="UTF-8">
    <title>外边距重叠</title>
    <style>
        html,body{
            margin: 0;
            padding: 0;
        }
        .a1{
            width:200px;
            background-color: #ccc;
            margin: 5px 0;
        }
        .a2{
            width:100px;
            height:50px;
            border: solid 1px #f00;
            margin: 10px 0;
        }
    </style>
</head>
<body>
    <div class="a1">
        <div class="a2"></div>
        <div class="a2"></div>
    </div>
</body>
</html>
```

浏览结果如图 3-24 所示。

为子元素设置的上外边距为10px，为父元素设置的上外边距为5px，结果两个上外边距重叠（10px）后变成了父元素的外边距。
两个下外边距也一样

图 3-24　内外嵌套的块级元素上下外边距重叠

2. 不产生外边距重叠的情况

① 外边距重叠只发生在标准文档流里，所以对于浮动的元素，或被绝对定位、固定定位的元素，不会发生外边距重叠现象。

② 外边距重叠只发生在两个垂直外边距"直接"相遇时，也就是说，两个垂直外边距之间没有任何内容，没有边框，也没有内边距时。如果对以上"知识解读 1"②中的父元素的样式进行如下修改（下画线部分）：

```
.a1{
    width: 200px;
```

```
border: solid 1px #f00;
margin:5px 0;
background-color: #ccc;
}
```

则上下外边距的重叠现象将消失（见图 3-25），因为父元素的边框阻挡了两个垂直外边距的"直接"相遇。

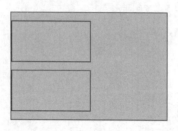

图 3-25　父元素的边框阻挡了上下外边距的重叠

对父元素设置 padding 同样也能阻挡外边距的重叠。

3．消除外边距重叠的方法

① 对于垂直相邻的元素的外边距重叠，只需将想要的实际间距值设置给其中一个元素即可。

② 对于内外嵌套的元素的外边距重叠，在不影响效果的前提下，给父元素设置边框、内边距，或尽可能地用 padding 而不用 margin 都可以。父元素设置如下样式，也能够消除外边距重叠。

```
overflow: hidden;
```

扩展练习

请动手尝试，实现如图 3-26 所示网页布局。

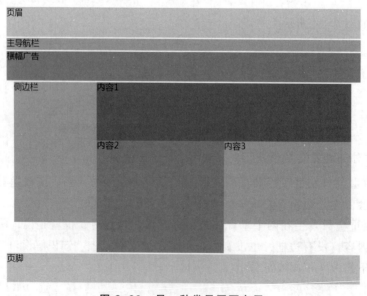

图 3-26　另一种常见网页布局

单 元 小 结

　　在本单元中，为了集中学习网页整体结构的搭建方法，制作了几个没有实际内容的网页。实现网页布局，除了要用合适的语义化元素表示大大小小的"盒子"外，更重要的是要用浮动、设置宽度、设置外边距等 CSS 手段将"盒子"放置于想要的位置。而正确使用这些 CSS 手段的基础是要正确理解和熟练掌握盒模型、行级元素、块级元素、行内块元素、浮动等基本概念。

习　　题

1. 请说出 div、header、footer、nav、section 等元素的共同特点。

2. style 元素最好写在什么位置？

3. 外部样式表、内部样式表、行内样式表分别指什么？

4. 元素的类名有什么作用？

5. 一个网页上的多个元素可以有相同的类名吗？

6. 为一个元素设置多个类名的正确写法是下列哪种？

（1）一个 class 属性多个属性值：

```
<nav class="nav-main navbar">
    ...
</nav>
```

（2）多个 class 属性

```
<nav class="nav-main" class="navbar">
    ...
</nav>
```

7. 样式表、CSS 规则、选择器、属性列表的关系是什么？

8. 选择器是什么？

9. 如果 class="a"和 class="b"的元素设置相同的样式，正确的写法是下列哪种？

（1）.a 和 .b 用空格隔开：

```
.a  .b{
    ...
}
```

（2）.a 和 .b 用逗号隔开：

```
.a , .b{
    ...
}
```

10. 盒模型是指什么？

11. 默认情况下，给元素设置的 width（宽）和 height（高）是哪一层盒子的宽高？

12. 让块级元素在其父容器内左右居中的写法错误的是下列哪种？

（1）左右外边距分别为 auto：

```
margin-left:auto;
margin-right:auto;
```

（2）上下外边距为 0，左右外边距为 auto：

```
margin:0  auto;
```

（3）左右外边距为 0，上下外边距为 auto：

```
margin:auto  0;
```

13. 内边距和外边距有什么区别？

14. 颜色值用几位十六进制表示？

15. 边框属性的设置 {border : solid 1px #f00 ;} 中的 3 个属性值分别代表什么？

16. 边框属性的设置 {border-bottom : none ;} 表示什么？

17. 什么是块级元素？请列举几个块级元素。

18. 什么是元素浮动？

19. 浮动会带来什么样的副作用？

20. 什么叫清除浮动？

21. 请列举清除浮动的常用方法。

22. CSS 的注释符是下列哪个？HTML 注释是下列哪个？

（1）/*　　*/　　（2）<!--　　-->　　（3）//

23. 上下外边距重叠的现象在什么情况下发生？

24. 内外嵌套的块级元素发生上下外边距重叠后，外边距最终表现为谁的外边距？

25. 为父元素设置 overflow:hidden; 能消除上下外边距重叠吗？

第4单元 网页主体内容的构建1——文本的制作

文本是网页主体内容最主要的组成部分，文本内容的制作质量会影响网页整体的质量。通过本单元的学习，应该达到以下目标：

● 学会网页文本内容的制作方法。

● 掌握常见的文本组织形式。

● 掌握 article、h1~h6、p、span、a、link 等 HTML 元素的用法。

● 掌握 line-height、color、background、text-indent、font-weight、text-decoration 等 CSS 属性的用法。

● 掌握 HTML 实体、外部样式表、子代选择器、后代选择器、相对路径、绝对路径等概念。

任务 4.1 "海南岛简介"页的制作（标题+段落）

本任务介绍由一个标题和若干段落组成的简介的制作方法，标题带图标背景和下边框线，段落里的个别文字突出显示。

 任务要求

请在网页的主体内容区以单列布局显示一段简介，标题带图标背景和下边框线，段落里的个别文字突出显示，如图 4-1 所示。

> ⊕ **海南岛**
>
> 　　海南岛是中国南方的**热带岛屿**，面积3.39万平方千米，人口925万，岛上热带雨林茂密，海水清澈蔚蓝，一年中分旱季和雨季两个季节。
>
> 　　海南省陆地主体，平面呈雪梨状椭圆形，长轴为东北—西南走向，长240千米，宽210千米，面积约3.39万平方千米，为国内仅次于台湾岛的**第二大岛**。
>
> 　　海南岛四周低平，中间高耸，呈穹隆山地形，以五指山、鹦哥岭为隆起核心，向外围逐级下降，由山地、丘陵、台地、平原构成环形层状地貌，梯级结构明显。
>
> 　　海南岛北隔琼州海峡，与雷州半岛相望。琼州海峡宽约30千米，是海南岛和大陆间的海上"走廊"，也是北部湾和南海之间的海运通道。由于邻近大陆，加之岛内山势磅礴，五指参天，所以每当天气晴朗、万里无云之时，站在雷州半岛的南部海岸遥望，海南岛便隐约可见。
>
> 　　海南岛被称为世界上"少有的几块未被污染的净土"。岛上四季常春，森林覆盖率超过50%。海南是一个色彩斑斓的世界，阳光、海水、沙滩、绿色、空气五大旅游要素俱全，具有得天独厚的热带海岛自然风光和独具特色的民族风情。更多＞＞＞

图 4-1 "海南岛简介"页

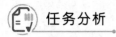

任务分析

标题用 h2 元素，h2 设置底部边框线和背景图像，还需要设置左内边距，达到文字在图标右边的效果。h2 还要设置相同的高度和行高，以达到 h2 的文字在 h2 的高度内垂直居中。

给段落设置首行缩进，第一段和第二段中的粗体蓝色文字用 span 元素包围，最后一段末尾的"更多>>>"是超链接，这里的 3 个"大于"号，要用 HTML 实体形式书写。

任务 4.1.1 网页结构的实现

任务实现

步骤 1：搭建网站结构。

新建文件夹 4-1，在文件夹 4-1 下新建两个子文件夹（img 和 css），将素材图片放到文件夹 img 下。

在网页编辑器内打开文件夹 4-1，新建网页文件 index.html，在 css 文件夹下新建样式文件 style.css，得到如图 4-2 所示的网站结构。

微 课

"海南岛简介"
页制作（一）

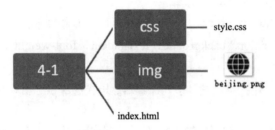

图 4-2 网站结构

步骤 2：打开 index.html，写 HTML 代码，搭建网页结构。

```html
<!DOCTYPE html>
<html lang="zh-cn">
<head>
    <meta charset="UTF-8">
    <title>简介类文本内容</title>
</head>
<body>
    <div class="container">
        <div class="content">
            <article>
                <h2></h2>
                <p></p>
                <p></p>
                <p></p>
                <p></p>
                <p></p>
            </article>
        </div>
    </div>
```

```
    </body>
    </html>
```

步骤 3：将文字内容粘贴到 h2 和 p 元素内，并将最后的"更多>>>"里的">"改写成 HTML 实体表示形式">"。

```
<article>
    <h2>海南岛</h2>
    <p>海南岛是中国南方的热带岛屿，面积 3.39 万平方千米，人口 925 万，岛上热带雨林茂密，海水清澈蔚蓝，一年中分旱季和雨季两个季节。</p>
    <p>海南省陆地主体，平面呈雪梨状椭圆形，长轴为东北—西南走向，长 240 千米，宽 210 千米，面积约 3.39 万平方千米，为国内仅次于台湾岛的第二大岛。</p>
    <p>海南岛四周低平，中间高耸，呈穹隆山地形，以五指山、鹦哥岭为隆起核心，向外围逐级下降，由山地、丘陵、台地、平原构成环形层状地貌，梯级结构明显。</p>
    <p>海南岛北隔琼州海峡，与雷州半岛相望。琼州海峡宽约 30 千米，是海南岛和大陆间的海上"走廊"，也是北部湾和南海之间的海运通道。由于邻近大陆，加之岛内山势磅礴，五指参天，所以每当天气晴朗、万里无云之时，站在雷州半岛的南部海岸遥望，海南岛便隐约可见。</p>
    <p>海南岛被称为世界上"少有的几块未被污染的净土"。岛上四季常春，森林覆盖率超过 50%。海南是一个色彩斑斓的世界，阳光、海水、沙滩、绿色、空气五大旅游要素俱全，具有得天独厚的热带海岛自然风光。独具特色的民族风情。更多 &gt;&gt;&gt;</p>
</article>
```

知识解读

1. article 元素（<article></article>）

article 元素表示一篇文章，即类似新闻报道、论坛帖子、博客文章等能够独立的内容区块。除了内容部分，一个 article 元素通常有它自己的标题，有时还有自己的脚注。它是装别的元素的容器，跟 div 相比，它有"文章"这样一个语义，默认宽高特性跟 div 一样。

2. h 元素（<h1></h1>　<h2></h2>　…　<h6></h6>）

h1~h6 表示标题文本，h1 表示最大的标题（一级标题），h6 表示最小的标题（六级标题）。h1~h6 均为块级元素、粗体，有默认的字号和垂直外边距，具体的字号和垂直外边距值因浏览器而不同，谷歌浏览器里的默认值如表 4-1 所示。

表 4-1　h1~h6 的字号和垂直外边距默认值（谷歌浏览器）

元　素	CSS 属性默认值	元　素	CSS 属性默认值
h1	font-size: 2em; margin: 0.67em 0;	h4	font-size: 1em; margin: 1.33em 0;
h2	font-size: 1.5em; margin: 0.83em 0;	h5	font-size: 0.83em; margin: 1.67em 0;
h3	font-size: 1.17em; margin: 1em 0;	h6	font-size: 0.67em; margin: 2.33em 0;

可见，h4 的字号与其父元素相同，h1~h3 的字号比父元素大，h5~h6 的字号比父元素小。

值得注意的是，article、section、aside、nav 元素内的 h1 元素的字号和 margin 会降一级。例如，下面的 HTML 代码中的 h1 元素，显示效果依次等同于 h2、h3、h4：

```
<section>
    <h1>一级标题</h1>
```

```
    <article>
        <h1>一级标题</h1>
        <nav>
            <h1>一级标题</h1>
        </nav>
    </article>
</section>
```

3. p 元素（<p></p>）

p 元素表示段落。P 元素为块级元素，有默认的垂直外边距，具体的垂直外边距值因浏览器而不同，谷歌浏览器里的默认值为 1em。

任务 4.1.2　网页基本样式的实现

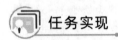 **任务实现**

步骤 1： 打开 style.css，写基本的 CSS 代码。

```
/*清零浏览器默认的元素边距*/
html,body{
    margin: 0;
    padding: 0;
}
/*大盒子*/
.container{
    width: 1000px;
    margin: 0 auto;
}
/*网页的主体内容区*/
.content{
    margin-top: 5px;
    padding: 15px;
}
```

步骤 2： 在 index.html 文件的</head>的上面增加 link 元素，引用以上样式文件（带下画线的部分）。

```
<head>
    <meta charset="UTF-8">
    <title>简介类文本内容</title>
    <link rel="stylesheet" type="text/css" href="css/style.css">
</head>
```

步骤 3： 浏览网页，观察和分析呈现效果。

此时浏览网页，会看到网页内容整体上在浏览器中水平居中的效果，同时还能看到虽然没有为 h2 和 p 元素设置过任何样式，但是它们都有一些默认的上下边距；h2 还具有更大的字号和粗度的效果，如图 4-3 所示。

海南岛

海南岛是中国南方的热带岛屿，面积3.39万平方千米，人口925万，岛上热带雨林茂密，海水清澈蔚蓝，一年中分旱季和雨季两个季节。

海南省陆地主体，平面呈雪梨状椭圆形，长轴为东北—西南走向，长240千米，宽210千米，面积约3.39万平方千米，为国内仅次于台湾岛的第二大岛。

海南岛四周低平，中间高耸，呈穹隆山地形，以五指山、鹦哥岭为隆起核心，向外围逐级下降，由山地、丘陵、台地、平原构成环形层状地貌，梯级结构明显。

海南岛北隔琼州海峡，与雷州半岛相望。琼州海峡宽约30千米，是海南岛和大陆间的海上"走廊"，也是北部湾和南海之间的海运通道。由于邻近大陆，加之岛内山势磅礴，五指参天，所以每当天气晴朗、万里无云之时，站在雷州半岛的南部海岸遥望，海南岛便隐约可见。

海南岛被称为世界上"少有的几块未被污染的净土"。岛上四季常春，森林覆盖率超过50%。海南是一个色彩斑斓的世界，阳光、海水、沙滩、绿色、空气五大旅游要素俱全，具有得天独厚的热带海岛自然风光和独具特色的民族风情。更多>>>

图 4-3　h2 和 p 的默认显示效果

步骤 4：利用开发者工具观察元素的 CSS 属性。

打开浏览器的"开发者工具"窗口（谷歌浏览器：右击页面空白处，选择"检查"命令；火狐浏览器：右击页面空白处，选择"检查元素"命令，其他浏览器类似），可以观察到 h2 的默认字号、粗度、外边距和 p 元素外边距值，如图 4-4 所示。

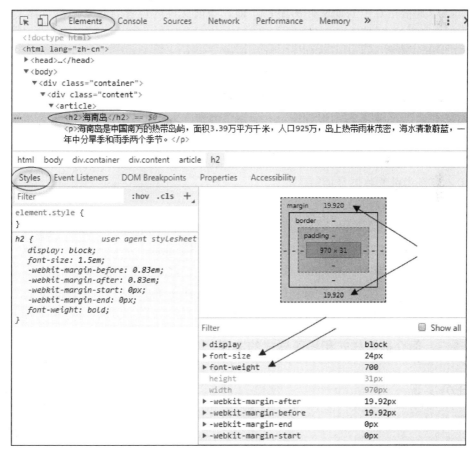

图 4-4　h2 的默认样式

知识解读

1. link 元素（<link rel="" href="">）

link 元素用于将外部文档引用到当前文档中。rel 属性指出所引用的文档跟当前文档的关系，rel="stylesheet" 表示引用的是一个外部样式表（即 .css 文件）。href 属性指出所引用的文档的路径。

type 属性指出所引用的文档的类型，引用样式表时 type="text/css"，这也是 type 属性的默认值，所以此时 type 属性可以省略不写。

2. 文件路径的写法

link 元素的 href 属性、a 元素的 href 属性、img 元素的 src 属性、background-image 或 background 属性的 url 值等均涉及文件路径的写法。

表示文件路径的方法有两种：相对路径和绝对路径。通常，引用本站内的文件都用相对路径，绝对路径只用于引用其他站点的文件。

（1）相对路径

相对路径是指相对于当前文件的路径，即以当前文件的位置为起点来写目标文件的路径。相对路径表示中用到的符号有：

① ./：代表当前文件所在的目录（可以省略不写）。

② ../：代表当前文件所在的目录的上一级目录。

③ ../../：代表当前文件所在的目录的上一级的上一级目录。

④ /：代表 Web 服务器的根目录（本地浏览的情况下代表文件所在的磁盘根目录）。

（2）绝对路径

绝对路径是指完整的网址，如 http://www.test.com/web1/css/style.css。

（3）本任务中的文件路径的写法

index.html 文件中的 link 元素：

```
<link rel="stylesheet" type="text/css" href="css/style.css">
```

href 属性用的是相对路径，href="css/style.css" 相当于 href="./css/style.css"，因为 "./" 可以省略不写。link 元素在 index.html 文件中，所以 index.html 文件就是"当前文件"，根据图 4-2 中的网站结构，"当前文件所在的目录"就是文件夹 4-1。从当前文件的位置出发引用 style.css 文件就要写成"./css/style.css"或"css/style.css"。

任务 4.1.3　简介标题样式和段落样式的实现

 任务实现

步骤 1：在 style.css 中增加 CSS 代码，为标题和段落设置需要的样式。

```
/*文章的标题*/
.content>article>h2{
    margin:0;
    line-height: 40px;
    padding: 0 40px;
```

微　课

"海南岛简介"
页制作（二）

```
      border-bottom: solid 3px #ccc;
      color:#1A1AB5;
      background-image: url(../img/beijing.png);
      background-repeat: no-repeat;
      background-position: 0  50%;      /* 或者 background-position: left
                                           center;*/
   }
   /*文章的段落*/
   .content>article>p{
      text-indent:2em;
      color:#333;
   }
```

步骤 2：浏览网页，观察和分析呈现效果。

此时浏览网页，会看到标题具有了新的颜色、行高、图标背景、下边框线，段落具有了首行缩进和新的颜色，如图 4-5 所示。

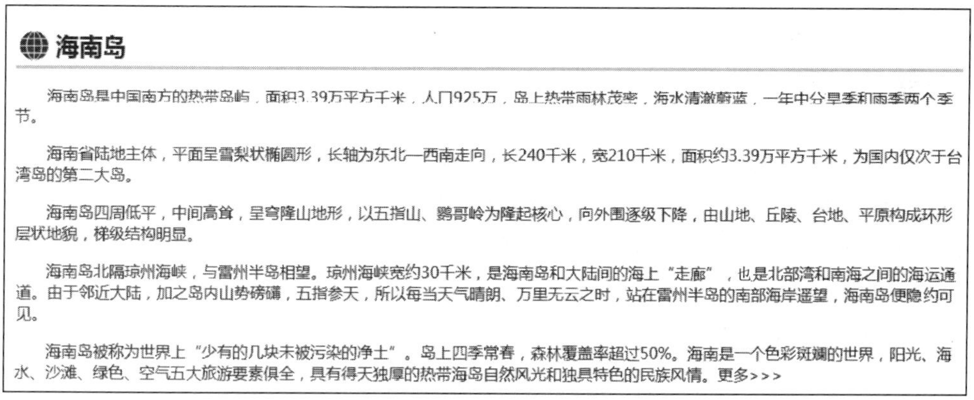

图 4-5　标题和段落的显示效果

步骤 3：在 index.html 的 p 元素内找到需要特殊显示的文字，将其用<span>和</span>包围起来，找到最后的"更多>>>"，将其用<a>和</a>包围起来：

```
<span>热带岛屿</span>
<span>第二大岛</span>
<a href="">更多 &gt;&gt;&gt;</a>
```

步骤 4：在 style.css 中增加 span 和 a 的样式设置。

```
/*段落内的 span*/
.content>article>p>span{
   color:#00f;
   font-weight: bold;
}
/*所有的超链接*/
a{
   text-decoration: none;
   color: #00f;
}
```

步骤 5：浏览网页，确认是否已得到任务要求的效果。

知识解读

1. HTML 实体

某些字符是 HTML 本身预留使用的，如小于号（<）和大于号（>）。如果希望正确地显示预留字符，在 HTML 源代码中要用特殊形式来书写这些字符，这种特殊的书写形式称为 HTML 实体。表 4-2 中是最常用的几个字符的 HTML 实体表示形式。

表 4-2　常用的几个字符的 HTML 实体表示形式

显　示　结　果	实　体　名　称	显　示　结　果	实　体　名　称
（空格）		&	&amp;
<	&lt;	"	&quot;
>	&gt;	'	&apos;

2. line-height 属性

line-height 表示元素内每行文字的行高（简单地可理解为是文字本身的高度+行间的距离）。line-height 属性有继承性，子元素会继承父元素的 line-height 值。

（1）元素的 height（高度）和 line-height（行高）之间的关系

一个块级或行内块元素，如果不包含子元素或只包含行内（inline）子元素，那么在没设置 height 的情况下，其 height 等于其 line-height*文本行数。如果元素设置了 height，则 height 和 line-height 互不影响。让单行文本在其元素高度内垂直居中的常用方法是给元素设置相等的 height 和 line-height。

（2）line-height 值的不同表示方法

① line-height 的默认值为 normal，行高值由浏览器决定。

② line-height:150%;或 line-height:1.5em;表示行高为元素的 font-size*1.5。子元素直接继承该行高值。

③ line-height:1.5;表示行高为元素的 font-size*1.5。子元素的行高为子元素的 font-size*1.5。font-size 是元素的字体大小（字号）。

④ line-height:32px;表示行高为 32px。子元素直接继承该行高值。

3. color 属性

color 表示元素内文字的颜色。凡是需要表示颜色的场合（包括背景色、文字的颜色、边框线的颜色、阴影的颜色等），颜色值都有多种表示方法。color 属性有继承性，子元素会继承父元素的 color 值（a 元素除外）。

（1）"六位十六进制数"表示法

例如，#ff0000、#AB1299、#1c3b5d 等，前两位表示组成该颜色的红色成分，中间的两位表示组成该颜色的绿色成分，最后两位表示组成该颜色的蓝色成分。每个基色的最小值为 00，最大值为 ff，相当于十进制的 0 和 255。

（2）"三位十六进制数"表示法

例如，#f00、#A29、#13d 等，"三位十六进制数"表示法实际上是"六位十六进制数"表示法的缩写。#ff0000 可缩写成#f00，#aa11cc 可缩写成#a1c，#333333 可缩写成#333。即如果是"三对双胞胎"可缩写成三位十六进制数。

（3）"十进制数"表示法

例如，rgb(255,0,0)、rgb(55,36,87)、rgb(250,250,250)等，3 个十进制数的取值范围均为 0 ~ 255，依次表示组成该颜色的红、绿、蓝 3 个颜色成分。

（4）英文单词表示法

例如，black、white、red、green、blue、yellow 等。

（5）含"不透明度"的表示法

例如，rgba(255,0,0,1)、rgba(255,0,0,0.6)、rgba(255,0,0,0.4)等，第四个十进制数的取值范围 0 ~ 1，也可以写成 0% ~ 100%，表示颜色的不透明度。

4．background-image 属性

为元素设置背景图像，通过 url 函数引用图像文件。

本任务中出现的 background-image 属性的设置如下：

```
background-image:url(../img/beijing.png);
```

这里 url 函数中使用的文件路径是相对路径，因为这条语句是写在 style.css 文件中的，所以 style.css 文件就是"当前文件"。根据图 4-2 中的网站结构，"当前文件所在的目录"就是文件夹 css，从当前文件的位置出发引用 beijing.png 文件就要写成"../img/beijing.png"。

5．background-repeat 属性

背景图像的重复方式，默认情况是在横纵两个方向重复，repeat-x 为横向重复，repeat-y 为纵向重复，no-repeat 为不重复。

6．background-position 属性

背景图像的位置，默认情况是背景图像位于元素的左上角，可用的值如表 4-3 所示。

表 4-3　background-position 属性的可用值

表示形式	举　例	含　义
百分制	x%　y%	① 第一个值是水平位置，第二个值是垂直位置； ② 左上角是 0% 0%，右下角是 100% 100%，默认值：0% 0%； ③ 如果只写了一个值，第二个值将是 50%； ④ 背景图像重复时相应的位置值不起作用
英文单词	top left top center top right center left center center center right bottom left bottom center bottom right	① 两个单词顺序任意； ② 默认值 top left； ③ 如果只写了一个值，第二个值将是 center； ④ 背景图像重复时相应的位置值不起作用

续表

表示形式	举　　例	含　　义
绝对值	x　y	① 第一个值是水平位置，第二个值是垂直位置； ② 单位是像素（px px）或任何其他的 CSS 单位； ③ 默认值 0 0； ④ 如果只写了一个值，第二个值将是 50%； ⑤ 背景图像重复时相应的位置值不起作用

7．background 属性

background 属性是多个背景属性的缩写，包括 background-color、background-image、background-repeat、background-position 等。例如：

```
background: #00FF00 url(bg.png) no-repeat top center;
```

等价于如下 4 个属性设置：

```
background-color: #00FF00;
background-image: url(bg.png);
background-repeat: no-repeat;
background-position: top center;
```

ⓘ提示

背景图像会覆盖在背景颜色之上。

8．子代选择器（子元素选择器）

多个选择器之间用 ">" 号分隔，即写成 ".content > article > h2" 的形式，称为子代选择器，它表示 ">" 号右边的元素是左边元素的直接子元素。假设有如下 HTML 代码和 CSS 代码：

```
<div class="box1">
    <div class="box2">
        <div class="box3"></div>
    </div>
</div>
```

```
.box1>div{
    border: 1px solid #000;
}
```

则以上这条样式规则将作用于 class="box2" 的 div，而不会作用于 class="box3" 的 div，因为它是.box1 的间接子元素。

9．text-indent 属性

text-indent 表示首行缩进，text-indent : 2em ;表示首行缩进距离为 2*font-size。text-indent 属性有继承性，子元素继承父元素的 text-indent 值。

10．span 元素（<span></span>）

span 元素是一个行内盒子，把文字或其他行内元素装进 span 里是为了设置行内局部样式。

11．a 元素（<a></a>）

a 元素表示超链接；href 是<a>元素最重要的属性，表示链接的目标，即单击超链接后将

跳转到哪里。链接目标可以是网页文件、文本文件或图像文件等任何有效文档，也可以是页面内部的一个特定位置（锚点）。a 元素另一个常用属性是 target，它表示在浏览器的哪个窗口内打开链接文档，target="_self"（默认值）表示在当前窗口中打开，target="_blank"表示在新窗口中打开。

12. font-weight 属性

font-weight 表示字体的粗细，可取值为 100，200，300，…，900。默认值是 400，等同于 normal，表示常规粗细；700 等同于 bold，表示粗体。

13. text-decoration 属性

text-decoration 表示添加到文本的修饰，常用的值有 none（无修饰）、underline（下画线）、overline（上画线）、line-through（删除线）等。

扩展练习

如果将 beijing.png 作为前景图像直接显示在 h2 的文字左边，也可以得到一样的浏览效果。虽然不建议这样做（因为这个图像只是样式，不是标题内容），但出于练习代码的目的还是可以试一下。那么如何修改 HTML 代码和 CSS 代码，才能得到同样的网页浏览效果呢？请动手尝试。

任务 4.2　"学院简介"页的制作（头部+段落）

本任务介绍由文章头部（包含标题和面包屑导航）和若干段落组成的简介的制作方法，文章头部和标题均有底部边框线，两个边框线重叠。

任务要求

请在网页的主体内容区以单列布局显示一段简介，标题底部有边框线，标题和面包屑导航的底部还有个共同的边框线，两个边框线重叠，如图 4-6 所示。

微　课

"学院简介"页的制作

图 4-6　"学院简介"页

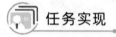**任务分析**

标题和面包屑导航要想在同一行横排，常用的方法有两种：一是标题左浮动，面包屑导航的盒子右浮动；二是将标题变成行内块，面包屑导航的盒子右浮动。

标题和面包屑导航设置相同的行高，或者直接给头部盒子设置行高。

任务 4.2.1　网页结构的实现

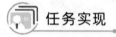**任务实现**

步骤 1：搭建网站结构。

新建文件夹 4-2，在文件夹 4-2 下新建一个子文件夹（css）。

在网页编辑器内打开文件夹 4-2，在 4-2 下新建网页文件 index.html，在 css 下新建样式文件 style.css，得到如图 4-7 所示的网站结构。

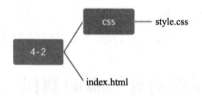

图 4-7　网站结构

步骤 2：打开 index.html，写 HTML 代码，搭建网页结构，并将文字内容粘贴到 h2 和 p元素内（下面用省略号代替）。

```html
<!DOCTYPE html>
<html lang="zh-cn">
<head>
    <meta charset="UTF-8">
    <title>简介类文本内容</title>
</head>
<body>
    <div class="container">
      <div class="content">
        <article>
            <header>
                <h2> …</h2>
                <nav ></nav>
            </header>
            <p> …</p>
            <p> …</p>
            <p> …</p>
            <p> …</p>
            <p> …</p>
        </article>
      </div>
    </div>
</body>
</html>
```

步骤 3：在 nav 元素内添加面包屑导航的内容，注意用 HTML 实体表示形式表示 ">"。

```
<nav>
    <span>您当前的位置: </span>
    <a href="index.html">首页</a> &gt;
    <a href="">学院概况</a> &gt;
    <a href="">学院简介</a>
</nav>
```

步骤 4：为 nav 元素和最后一个 a 元素设置 class 属性，以便为它们设置样式。

```
<nav class="nav bread">
    <span>您当前的位置: </span>
    <a href="index.html">首页</a> &gt;
    <a href="">学院概况</a> &gt;
    <a href="" class="active">学院简介</a>
</nav>
```

知识解读

1．a 元素的 href 属性

href="index.html"表示单击该超链接后跳转到与当前网页在同一个文件夹下的 index.html 文件。href=""表示单击后跳转到本页，即刷新本页。href="#"表示空链接，即不发生跳转，只是回到页面顶部。

2．面包屑导航

面包屑导航这个概念来自一个童话故事，它是指用来表达内容归属关系或访问者当前所在位置的界面元素（指向不同层级的几个超链接）。

任务 4.2.2　网页基本样式的实现

任务实现

步骤 1：打开 style.css，写基本的 CSS 代码。

```
/*对所需的元素清零浏览器默认的内外边距*/
html,body,h2,p{
    margin: 0;
    padding: 0;
}
/*大盒子*/
.container{
    width: 1200px;
    margin: 0 auto;
}
/*网页的主体内容区*/
.content{
    margin-top: 5px;
    padding: 15px;
    background-color: #fafafa;
}
/*所有的超链接*/
a{
```

```
text-decoration: none;
color: #00f;
}
```

步骤 2：在 index.html 中引用以上样式文件 style.css。

```html
<head>
    <meta charset="UTF-8">
    <title>简介类文本内容</title>
    <link rel="stylesheet" type="text/css" href="css/style.css">
</head>
```

步骤 3：浏览网页，观察呈现效果。

此时浏览网页，会看到网页内容整体上在浏览器中水平居中并带有背景色，所有超链接都已不显示下画线。文章标题和面包屑导航垂直排列，如图 4-8 所示。

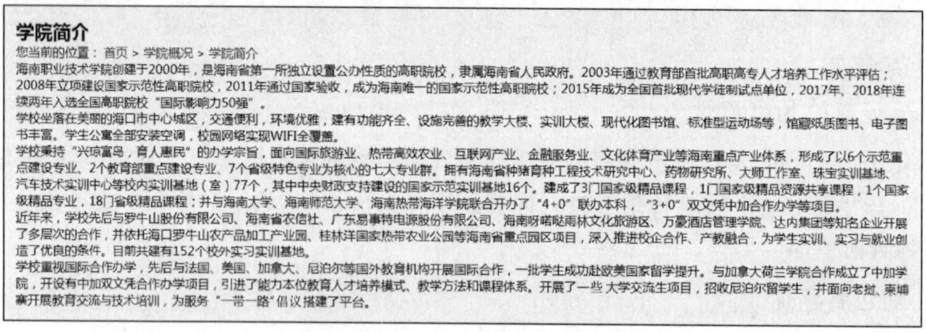

学院简介
您当前的位置：首页 > 学院概况 > 学院简介
海南职业技术学院创建于2000年，是海南省第一所独立设置公办性质的高职院校，隶属海南省人民政府。2003年通过教育部首批高职高专人才培养工作水平评估；2008年立项建设国家示范性高职院校，2011年通过国家验收，成为海南唯一的国家示范性高职院校；2015年成为全国首批现代学徒制试点单位，2017年、2018年连续两年入选全国高职院校"国际影响力50强"。
学校坐落在美丽的海口市中心城区，交通便利，环境优雅，建有功能齐全、设施完善的教学大楼、实训大楼、现代化图书馆、标准型运动场等，馆藏纸质图书、电子图书丰富，学生公寓全部安装空调，校园网络实现WIFI全覆盖。
学校秉持"兴琼富琼，育人惠民"的办学宗旨，面向国际旅游业、热带高效农业、互联网产业、金融服务业、文化体育产业等海南重点产业体系，形成了以6个示范重点建设专业、2个教育部重点建设专业、7个省级特色专业为核心的七大专业群，拥有海南省种猪育种工程技术研究中心、药物研究所、大师工作室、珠宝实训基地、汽车技术实训中心等校内实训基地（室）77个，其中中央财政支持建设的国家示范实训基地16个。建成了3门国家级精品课程，1门国家级精品资源共享课程，1个国家级精品专业，18门省级精品课程；与海南大学、海南师范大学、海南热带海洋学院联合开办了"4+0"联办本科，"3+0"双文凭中加合作办学等项目。
近年来，学校先后与罗牛山股份有限公司、海南省农信社、广东易事特电源股份有限公司、海南啊喇哝南林文化旅游区、万豪酒店管理学院、达内集团等知名企业开展了多层次的合作，并依托海口罗牛山农产品加工产业园、桂林洋国家热带农业公园等海南省重点园区项目，深入推进校企合作、产教融合，为学生实训、实习与就业创造了优良的条件。目前共建有152个校外实习实训基地。
学校重视国际合作办学，先后与法国、美国、加拿大、尼泊尔等国外教育机构开展国际合作，一批学生成功赴欧美国家留学提升。与加拿大荷兰学院合作成立了中加学院，开设有中加双文凭合作办学项目，引进了能力本位教育人才培养模式、教学方法和课程体系。开展了一些大学交流生项目，招收尼泊尔留学生，并面向老挝、柬埔寨开展教育交流与技术培训，为服务"一带一路"倡议搭建了平台。

图 4-8　网页初始浏览效果

任务 4.2.3　简介头部的样式和正文样式的实现

 **任务实现**

步骤 1：在 style.css 中为标题和面包屑导航设置样式，使其水平排列。

```css
/*文章的标题*/
.content h2{
    display: inline-block;
}
/*面包屑导航*/
.nav_bread{
    float:right;
}
```

步骤 2：为标题、面包屑导航和超链接设置行高、边距、颜色、边框线等其他必要的样式。

```css
/*文章的标题*/
.content h2{
    display: inline-block;
    line-height: 40px;
    padding: 0 40px;
    color:#FFAA00;
    border-bottom: 3px solid #FFAA00;
```

```
    }
    /*面包屑导航*/
    .nav_bread{
        float: right;
        line-height: 40px;
        padding: 0 40px;
        color: #333;
    }
    /*当前页对应的超链接*/
    .active{
        color:#333;
    }
```

步骤 3：设置标题和面包屑导航共同的边框线（即文章头部的边框线）。

```
    /*文章的头部（header）*/
    .content header{
        border-bottom: 3px solid #00f;
    }
```

步骤 4：浏览网页，观察和分析呈现效果。

此时浏览网页，标题的边框线和文章头部的边框线不是重叠的状态，如图 4-9 所示。因为 h2 的 height（40px）和 header 的 height（43px）不相等，所以边框线的位置差 3px，自然不会重叠。

学院简介　　　　　　　　　　　　　　　　您当前的位置：首页 > 学院概况 > 学院简介

图 4-9　h2 和 header 的边框线未重叠的样子

步骤 5：设置 header 的高度，使其边框线与 h2 的边框线重叠。

```
    /*文章的头部（header）*/
    .content header{
        border-bottom: 3px solid #00f;
        height: 40px;
    }
```

步骤 6：浏览网页，确认简介头部的效果是否已达到。

此时浏览网页，标题的边框线和文章头部的边框线会完全重叠，如图 4-10 所示。

学院简介　　　　　　　　　　　　　　　　您当前的位置：首页 > 学院概况 > 学院简介

图 4-10　h2 和 header 的边框线重叠的样子

步骤 7：在 style.css 中增加文章的段落的样式。

```
    /*文章的段落*/
    .content  p{
        margin-top: 15px;
        text-indent:2em;
        color:#333;
    }
```

步骤 8：浏览网页，确认是否已得到任务要求的效果。

知识解读

1．display 属性

display 属性决定元素作为行内元素、块级元素、行内块元素的哪一种来显示，还是不显示。display 属性最常用的取值如表 4-4 所示。

表 4-4　　display 属性最常用的取值

值	描　　　述
none	元素不显示，即元素不在标准文档流中占据空间
inline	元素作为行内元素显示。 　通常所说的行内元素（如 a、span、em 、strong、dfn、code、samp、kbd、var、cite 等）其实就是指 display 属性的默认值为 inline 的元素。 　特殊的两个元素：img 元素 display 属性的默认值为 inline，但它其实是行内块元素。br 元素 display 属性的默认值为 inline，但它不是行内元素，它只是产生换行效果的一个特殊语法而已
block	元素作为块级元素显示。 　通常所说的块级元素（如 div、h1~h6、p、ul、header、footer、article、section、aside、nav、hr、form 等）其实就是指 display 属性的默认值为 block 的元素
inline-block	元素作为行内块元素显示。 　通常所说的行内块元素（如 input、select、textarea、button 等）其实就是指 display 属性的默认值为 inline-block 的元素

2．使块级元素水平排列的方法比较

为使块级元素水平排列，使用 display:inline-block 和 float:left（float:right）有什么异同？

（1）共同之处

都能达到使元素水平排列的效果；都会使元素的宽度尽可能地缩小。

（2）不同之处

① 使用 display:inline-block 的两个元素之间默认的垂直对齐方式是基线对齐；使用 float:left（float:right）的两个元素之间默认的垂直对齐方式是顶部对齐。

② 使用 display:inline-block 的两个元素之间会有个空格，空格的宽度因字体不同而不同，导致无法精确地设置两个元素的最大宽度（只能通过设置其父元素的 font-size 为 0 来消除空格）；但使用 float:left（float:right）的元素没有这个麻烦。

③ 使用 float:left（float:right）的元素，会对其后续元素的布局产生不良影响，必须要通过清除浮动来消除该不良影响（如对其父元素设置 overflow:hidden），但使用 display:inline-block 的元素没有这个麻烦。

3．后代选择器（包含选择器）

多个选择器之间用空格分隔，即写成".content article h2"这样的选择器，就称为后代选择器，它表示空格右边的元素是左边元素的直接或间接子元素，即空格左右边的元素具有包含和被包含的关系。假设有如下 HTML 代码和 CSS 代码：

```
<div class="box1">
    <div class="box2">
        <div class="box3"></div>
```

```
        </div>
    </div>
```

```
.box1 div{
    border: 1px solid #000;
}
```

则以上这条样式规则将作用于 class="box2" 和 class="box3" 的 div，因为它们都被包含在 .box1 内，都是 .box1 的后代。

扩展练习

本任务中将竖排布局变成横排布局时，对标题和面包屑导航分别用了 dispaly: inline-block 和 float: right，两个元素均用 dispaly: inline-block 和 float:left(float: right）也可以实现同样的效果，请动手尝试。

任务 4.3 "美丽的草原"页的制作（头部+章节）

本任务介绍由文章头部（包含文章的标题）和若干章节组成的简介的制作方法。文章头部有背景图像，文章标题的背景色覆盖文章头部的背景图像。章节标题带左边框线，段落中包含上标文字。

 任务要求

请在网页的主体内容区以单列布局显示一段简介，文章由若干章节组成，每个章节有小标题，文章头部有平铺而成的背景图像，文章标题的背景色覆盖文章头部的背景图像，章节标题带左边框线，段落中包含上标文字，如图 4-11 所示。

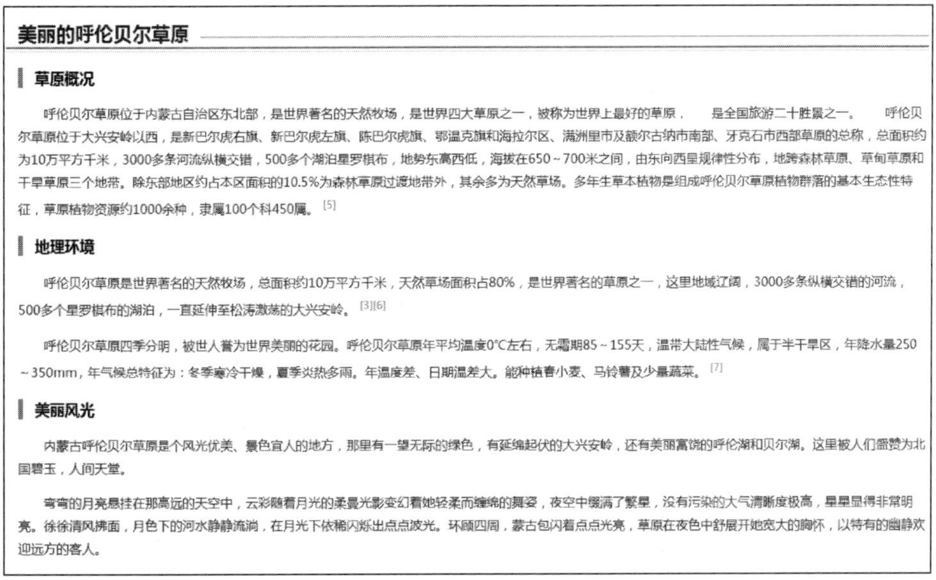

美丽的呼伦贝尔草原

▌**草原概况**

呼伦贝尔草原位于内蒙古自治区东北部，是世界著名的天然牧场，是世界四大草原之一，被称为世界上最好的草原，　是全国旅游二十胜景之一。　呼伦贝尔草原位于大兴安岭以西，是新巴尔虎右旗、新巴尔虎左旗、陈巴尔虎旗、鄂温克旗和海拉尔区、满洲里市及额尔古纳市南部、牙克石市西部草原的总称，总面积约为10万平方千米，3000多条河流纵横交错，500多个湖泊星罗棋布，地势东高西低，海拔在650～700米之间，由东向西呈规律性分布，地跨森林草原、草甸草原和干草草原三个地带。除东部地区约占本区面积的10.5%为森林草原过渡地带外，其余多为天然草场。多年生草本植物是组成呼伦贝尔草原植物群落的基本生态性特征，草原植物资源约1000余种，隶属100个科450属。[5]

▌**地理环境**

呼伦贝尔草原是世界著名的天然牧场，总面积约10万平方千米，天然草场面积占80%，是世界著名的草原之一，这里地域辽阔，3000多条纵横交错的河流，500多个星罗棋布的湖泊，一直延伸至松涛澎湃的大兴安岭。[3][6]

呼伦贝尔草原四季分明，被世人誉为世界美丽的花园。呼伦贝尔草原年平均温度0℃左右，无霜期85～155天，温带大陆性气候，属于半干旱区，年降水量250～350mm，年气候总特征为：冬季寒冷干燥，夏季炎热多雨。年温度差、日温差差大。能种植春小麦、马铃薯及少量蔬菜。[7]

▌**美丽风光**

内蒙古呼伦贝尔草原是个风光优美、景色宜人的地方，那里有一望无际的绿色，有延绵起伏的大兴安岭，还有美丽富饶的呼伦湖和贝尔湖。这里被人们誉赞为北国碧玉，人间天堂。

弯弯的月亮悬挂在那高远的天空中，云彩随着月光的柔曼光影变幻着她轻柔而缠绵的舞姿，夜空中缓满了繁星，没有污染的大气清晰度极高，星星显得非常明亮。徐徐清风拂面，月色下的河水静静流淌，在月光下依稀闪烁出点点波光。环顾四周，蒙古包闪着点点光亮，草原在夜色中舒展开她宽大的胸怀，以特有的幽静欢迎远方的客人。

图 4-11　"美丽的草原"页

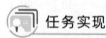 **任务分析**

　　文章头部（header 元素）设置背景图像，图像在水平方向上重复（平铺）。该头部内的标题设置宽度和内容居中，或者变成行内块并设置水平内边距。为了在标题的下面露出头部背景图像，标题的高度要比头部的高度小。

　　文章的章节用 section 元素表示，章节内的标题左边的粗线是标题的左边框线。上标文字用 sup 元素包围。

任务 4.3.1　网页结构和基本样式的实现

任务实现

　　步骤 1： 搭建网站结构。

　　新建文件夹 4-3，在文件夹 4-3 下新建两个子文件夹（img 和 css），将素材图片放到文件夹 img 下。

　　在网页编辑器内打开文件夹 4-3，在 4-3 下新建网页文件 index.html，在 css 下新建样式文件 style.css，得到如图 4-12 所示的网站结构。

　　步骤 2： 打开 index.html，写 HTML 代码，搭建网页结构，并将文字内容粘贴到 h2 和 p 元素内（下面用省略号代替）：

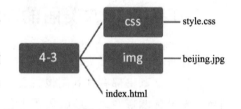

图 4-12　网站结构

```
<!DOCTYPE html>
<html lang="zh-cn">
<head>
    <meta charset="UTF-8">
    <title>简介类文本内容</title>
</head>
<body>
    <div class="container">
      <div class="content">
        <article>
            <header>
                <h2>...</h2>
            </header>
            <section>
                <h3>...</h3>
                <p>...</p>
            </section>
            <section>
                <h3>...</h3>
                <p>...</p>
                <p>...</p>
            </section>
            <section>
                <h3>...</h3>
                <p>...</p>
```

```
                    <p>…</p>
                </section>
            </article>
        </div>
    </div>
</body>
</html>
```

步骤 3：将段落末尾的上标文字用 sup 元素包围起来。

```
<p>…<sup>[5]</sup></p>
<p>…<sup>[3][6]</sup></p>
<p>…<sup>[7]</sup></p>
```

步骤 4：打开 style.css，写基本的 CSS 代码，并在 index.html 中引用 style.css。

```
/*对所有元素清零浏览器默认的内外边距*/
*{
    margin:0;
    padding: 0;
}
/*大盒子*/
.container{
    width: 1200px;
    margin: 0 auto;
}
/*网页的主体内容区*/
.content{
    margin-top: 5px;
    padding: 15px;
}

<head>
    <meta charset="UTF-8">
    <title>简介类文本内容</title>
    <link rel="stylesheet" type="text/css" href="css/style.css">
</head>
```

步骤 5：浏览网页，观察和分析呈现效果。

此时浏览网页，网页内容整体上在浏览器中水平居中，文章标题和章节标题都没有任何修饰，如图 4-13 所示。

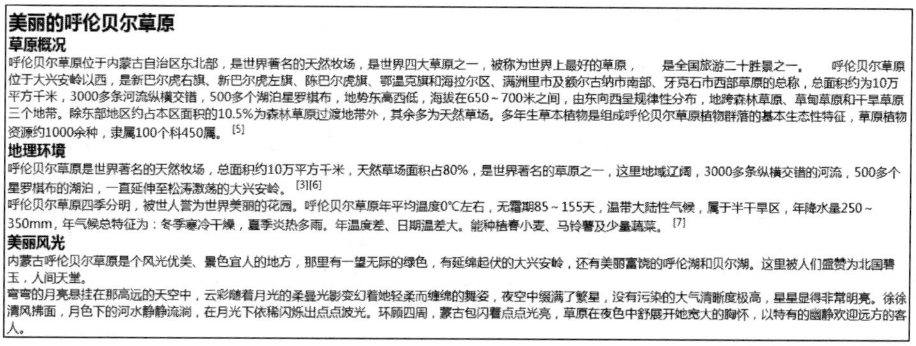

美丽的呼伦贝尔草原
草原概况
呼伦贝尔草原位于内蒙古自治区东北部，是世界著名的天然牧场，是世界四大草原之一，被称为世界上最好的草原，　　是全国旅游二十胜景之一。　　呼伦贝尔草原位于大兴安岭以西，是新巴尔虎右旗、新巴尔虎左旗、陈巴尔虎旗、鄂温克旗和海拉尔区、满洲里市及额尔古纳市南部、牙克石市西部草原的总称，总面积约为10万平方千米，3000多条河流纵横交错，500多个湖泊星罗棋布，地势东高西低，海拔在650～700米之间，由东向西呈规律性分布，地跨森林草原、草甸草原和干旱草原三个地带。除东部地区约占本区面积的10.5%为森林草原过渡地带外，其余多为天然草场。多年生草本植物是组成呼伦贝尔草原植物群落的基本生态性特征，草原植物资源约1000余种，隶属100个科450属。[5]
地理环境
呼伦贝尔草原是世界著名的天然牧场，总面积的10万平方千米，天然草场面积占80%，是世界著名的草原之一，这里地域辽阔，3000多条纵横交错的河流，500多个星罗棋布的湖泊，一直延伸至松涛激荡的大兴安岭。[3][6]
呼伦贝尔草原四季分明，被世人誉为世界美丽的花园。呼伦贝尔草原年平均温度0℃左右，无霜期85～155天，温带大陆性气候，属于半干旱区，年降水量250～350mm，年气候总特征为：冬季寒冷干燥，夏季炎热多雨，年温度差、日期温差大。能种植青小麦、马铃薯及少量蔬菜。[7]
美丽风光
内蒙古呼伦贝尔草原是个风光优美、景色宜人的地方，那里有一望无际的绿色，有延绵起伏的大兴安岭，还有美丽富饶的呼伦湖和贝尔湖。这里被人们盛赞为北国碧玉，人间天堂。
穹穹的月亮悬挂在那高远的天空中，云彩随着月光的柔曼光影变幻着地轻柔而缠绵的舞姿，夜空中缀满了繁星，没有污染的大气清晰度极高，星星显得非常明亮。徐徐清风拂面，月色下的河水静静流淌，在月光下依稀闪烁出点点波光。环顾四周，蒙古包闪着点点光亮，草原在夜色中舒展开她宽大的胸怀，以特有的幽静欢迎远方的客人。

图 4-13　网页初始浏览效果

知识解读

sup 元素（）表示上标文本；sub 元素（）表示下标文本。假设要显示如图 4-14 所示内容，则 html 代码应如下：

```
<p>f(x)=x<sup>2</sup>+2x+5</p>
<p>n<sub>2</sub>=m<sub>2</sub>+1</p>
```

$$f(x)=x^2+2x+5$$
$$n_2=m_2+1$$

图 4-14　带上标和下标的内容

任务 4.3.2　文章头部样式和章节样式的实现

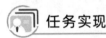 任务实现

步骤 1： 在 style.css 中为文章头部设置样式，使其有平铺的背景图像。

```
/*文章的头部*/
.content>article>header{
    height: 36px;
    background: url(../img/beijing.jpg) repeat-x 0 100%;
    /* 或者 background: url(../img/beijing.jpg) repeat-x left bottom;*/
}
```

步骤 2： 在 style.css 中为文章标题设置样式，使其背景颜色局部覆盖文章头部的背景图像。

```
/*文章的标题*/
.content>article>header>h2{
    display: inline-block;  /* 为了让元素的宽度自适应其内容*/
    padding: 0 15px;
    line-height: 26px;        /* 设置行高，间接设置了 height，小于文章头部的高
                                度是为了露出背景图像的下边缘*/
    color: #1A1AB5;
    font-family: 微软雅黑;
    font-weight: bold;
    background: #fff;
}
```

步骤 3： 在 style.css 中为文章章节设置标题的左边框线、段落缩进、上标文字的颜色等样式。

```
/*文章的章节*/
section{
    margin-left: 15px;
}
/*章节标题*/
section>h3{
    border-left: 6px solid #4F9CEE;
    padding-left: 15px;
    margin-top: 10px;
```

```
        margin-bottom: 10px;
        line-height: 26px;
    }
    /*章节内的段落*/
    section>p{
        text-indent: 2em;
        margin-top: 5px;
        line-height: 1.5em;
        color: #333;
    }
    /*文章内的上标*/
    sup{
        color: #FFBD00
    }
```

步骤 4：浏览网页，确认是否已得到任务要求的效果。

知识解读

1．通配符选择器（＊）

通配选择器用一个星号（＊）表示，它代表所有元素，它既可以作为独立选择器来用，也可以作为后代选择器、子代选择器的组成部分来用，如＊{…}、.box ＊{…}等。

2．平铺的背景图像

本任务中背景图像（beijing.jpg）的宽度只有 1 个像素，文章头部的背景是通过水平平铺该图像而得到的，这是网页制作中常用的做法。这样做的好处是小图片的加载速度快，而且可以平铺到任何需要的宽度。

3．font-family 属性

font-family 表示元素的字体，可以指定多个字体并用逗号隔开，如果浏览器不支持第一个字体，则会尝试下一个，依此类推。所列字体都不被支持的浏览器用其默认的字体。字体名称的双引号可以省略，例如：

```
font-family: 微软雅黑,新宋体,仿宋
font-family: "微软雅黑","新宋体","仿宋"
```

font-family 属性有继承性，子元素继承父元素的 font-family 值。

扩展练习

本任务中调整章节标题的垂直分布时使用了设置垂直外边距和行高的方法（margin-top: 10px; margin-bottom: 10px; line-height: 26px; ），如果直接设置行高而不设置外边距（ line-height: 46px; ），其实也可以得到同样的垂直分布效果，只是左边框线会变得很长。请动手验证，并说明为什么左边框线会变长。

任务 4.4　"学院首页"两行对称栏目的制作

本任务介绍整体上单列布局局部两列布局的首页栏目的制作方法，上面两个栏目（左右

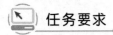

布局）、下面两个栏目（左右布局）。

 任务要求

请在网页的主体内容区以整体一列局部两列布局展示 4 个栏目，上面两个栏目（左右布局）、下面两个栏目（左右布局），如图 4-15 所示。

图 4-15 "学院首页"两行对称栏目

微 课

"学院首页"两行对称栏目的制作

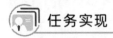 **任务分析**

主体内容区的 div 内再写 2 个 div 表示上下 2 个盒子，上下 2 个盒子内分别再写 2 个 section 表示左右 2 个栏目。4 个 section 都设置浮动和宽度，上下 2 个盒子都设置"清除浮动"。主体内容区的 div 和上下两个盒子都设置背景色。

每个 section 由一个 header 和一个 ul 组成。header 中包含一个 h3 和一个 a，h3 变成行内块，a 向右浮动。header 设置底部边框线，h3 设置背景色以及鼠标悬停时取消背景色。ul 的每个 li 内包含一个 a 和一个 span，span 用于包围日期。a 要变成行内块，设置宽度，并设置超出宽度的文字用省略号显示，span 右浮动，ul 设置行高。

任务 4.4.1 网页结构和基本样式的实现

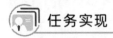 **任务实现**

步骤 1：搭建网站结构。

新建文件夹 4-4，在文件夹 4-4 下新建 styles 文件夹。

在网页编辑器内打开文件夹 4-4，在 4-4 下新建网页文件 index.html，在 styles 下新建样式文件 base.css 和 main.css，得到如图 4-16 所示的网站结构。

图 4-16 网站结构

步骤 2：打开 index.html，写 HTML 代码，搭建网页结构，并为某些元素设置 id 属性或

class 属性。其中，为所有需要左浮动的元素统一设置 class="pull-left"，为所有需要右浮动的元素统一设置 class="pull-right"，为所有需要清除浮动的元素统一设置 class="clear-fix"（请关注带下画线的部分）。

```html
<!DOCTYPE html>
<html lang="en">
<head>
    <meta charset="UTF-8">
    <title>首页栏目类文本内容</title>
</head>
<body>
    <div id="container">
        <div id="content">
            <div class="div1 clear-fix">
                <section class="sec1 pull-left">
                </section>
                <section class="sec2 pull-right">
                </section>
            </div>
            <div class="div2 clear-fix">
                <section class="sec3 pull-left">
                </section>
                <section class="sec4 pull-right">
                </section>
            </div>
        </div>
    </div>
</body>
</html>
```

步骤 3：在第一个 section 内添加元素，同样为需要右浮动的元素设置 class="pull-right"。

```html
<section class="sec1 pull-left">
    <header>
        <h3></h3>
        <a href="" class="pull-right"></a>
    </header>
    <ul>
        <li>
            <a href=""></a>
            <span class="pull-right"></span>
        </li>
        <li>
            <a href=""></a>
            <span class="pull-right"></span>
        </li>
        …                6 个 li
    </ul>
</section>
```

步骤 4：在 h3、a、span 内添加文字（下面用省略号代替），li 内 a 元素的文本需有的长有的短。

```
<section class="sec1 pull-left">
    <header>
        <h3>…</h3>
        <a href="" class="pull-right">…</a>
    </header>
    <ul>
        <li>
            <a href="">…</a>
            <span class="pull-right">…</span>
        </li>
        <li>
            <a href="">…</a>
            <span class="pull-right">…</span>
        </li>
        …
    </ul>
</section>
```

步骤 5：用同样的方法在后面 3 个 section 元素内添加内容。

步骤 6：打开 base.css，写基本的 CSS 代码，并在 index.html 中引用 base.css。

```css
/*对所有元素清零浏览器默认的内外边距*/
*{
    margin:0;
    padding: 0;
}
/*大盒子*/
#container{
    width: 1200px;
    margin: 0 auto;
}
/*网页的主体内容区*/
#content{
    margin-top: 5px;
    padding: 15px;
}
/*所有的超链接*/
a{
    text-decoration: none;
    color: #383838;
}
/*所有的ul*/
ul{
    list-style-position: inside;
}
/*所有需要左浮动的元素*/
.pull-left{
    float: left;
}
/*所有需要右浮动的元素*/
.pull-right{
```

```
    float: right;
}
/*所有需要清除浮动的元素*/
.clear-fix{
    overflow: hidden;
}

<head>
    <meta charset="UTF-8">
    <title>首页栏目类文本内容</title>
    <link rel="stylesheet" type="text/css" href="styles/base.css">
</head>
```

步骤 7：浏览网页，确认该有的基本样式是否已实现。

知识解读

1. 元素的 id 属性

id 属性用于设置元素唯一的 id 名，id 属性的值在 HTML 文档中必须是唯一的，即一个元素不能有多个 id 名，不同的元素不能有相同的 id 名。

id 属性的用处在于根据该名称对元素设置 CSS 样式，或者在 JavaScript 代码中通过该名称获取元素，还可以作为 a 元素跳转的目标（锚点）。例如：

```
...
<div id="top">
    ...
</div>
...
<a href="#top">回顶部</a>
```

表示单击链接后跳转到 id="top" 的位置。

id 属性是 HTML 全局属性，任何元素都可以有 id 属性。

2. ul 元素（<ul></ul>）

ul 元素表示无序列表，其直接子元素必须是 li 元素（<li></li>），li 元素表示列表项，li 内可以包含任何元素。ul 为块级元素，它有默认的垂直外边距和左内边距。

3. ol 元素（<ol></ol>）

ol 元素表示有序列表，用法如下：

```
<ol>
    <li></li>
    <li></li>
    ...
</ol>
```

它和 ul 的区别仅在于列表项的标记，如图 4-17 所示。

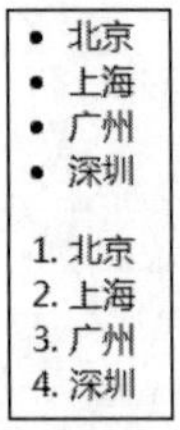

- 北京
- 上海
- 广州
- 深圳

1. 北京
2. 上海
3. 广州
4. 深圳

图 4-17　无序列表和有序列表

4. dl 元素（<dl></dl>）

dl 元素表示自定义列表，其直接子元素必须是 dt 元素或 dd 元素。dt 元素和 dd 元素都是列表项，没有标记，dd 的内容会向右缩进显示，dt 和 dd 内均可以包含任何元素。用法如下：

```
<dl>
    <dt>冰淇淋</dt>
    <dd>香草冰淇淋</dd>
    <dd>草莓冰淇淋</dd>
    <dt>果汁</dt>
    <dt>纯净水</dt>
</dl>
```

显示结果如图 4-18 所示。

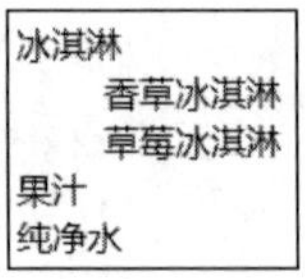

冰淇淋
　　　香草冰淇淋
　　　草莓冰淇淋
果汁
纯净水

图 4-18　列表

dl 为块级元素，它有默认的垂直外边距，dd 有默认的左外边距。

任务 4.4.2　两行对称栏目样式的实现

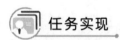 **任务实现**

步骤 1：打开 main.css，为主体内容区和两个 div 设置背景色和外边距，为栏目设置合适的宽度和外边距，并在 index.html 中引用 main.css。

```
/*主体内容区*/
#content{
    background: #f8f8f8;
}
/*内容区的两个div*/
#content .div1,#content .div2{
    background: #fff;
}
/*第二个div*/
#content .div2{
    margin-top: 20px;
}
```

```
/*左浮动的 section*/
section.pull-left{
    width: 575px;
}
/*右浮动的 section*/
section.pull-right{
    width: 575px;
    margin-left: 20px;
}

<head>
    <meta charset="UTF-8">
    <title>首页栏目类文本内容</title>
    <link rel="stylesheet" type="text/css" href="styles/base.css">
    <link rel="stylesheet" type="text/css" href="styles/main.css">
</head>
```

section 和 .pull-left 之间不写空格

步骤 2：在 main.css 中为栏目标题设置样式，使其变成行内块，具有合适的行高、边距和文本颜色。

```
/*所有栏目的标题*/
#content header > h3{
    display: inline-block;
    line-height: 40px;
    padding-left: 30px;
    padding-right: 30px;
    background-color: #00f;
    color: #fff;
}
```

步骤 3：在 main.css 中为栏目头部设置底部边框线，为"更多 +"链接设置与栏目标题匹配的行高和合适的边距、文本颜色。

```
/*栏目的头部*/
#content section header{
    border-bottom: 2px solid #00f;
}
/*所有栏目头部里的"更多 +"*/
#content header > a{
    line-height: 40px;
    margin-right: 10px;
    color: #000;
}
```

步骤 4：在 main.css 中为栏目标题设置鼠标悬停样式，使其在鼠标悬停在它上面时改变背景色和文本颜色。

```
/*所有栏目的标题（鼠标悬停在上面时）*/
#content header > h3:hover{
    background-color: #fff;
    color: #00f;
}
```

步骤 5：在 main.css 中为栏目内容设置样式，使其具有合适的边距、行高和文本颜色。

```
/*所有栏目的内容*/
#content ul{
    padding: 15px;
    line-height: 30px;
    color: #383838;
}
```

步骤 6：在 main.css 中为栏目内容里的 a 元素设置样式，使其具有超长的部分显示为省略号的特点，并在鼠标悬停在它上面时改变颜色。

```
/*栏目内容里的链接*/
#content ul a{
    display: inline-block;
    width: 400px;
    overflow: hidden;
    white-space: nowrap;
    text-overflow: ellipsis;
    vertical-align: top;       /*默认对齐方式(baseline)下，父元素 li 的 height
                                 会被撑高*/
}
/*栏目内容里的链接（鼠标悬停在上面时）*/
#content ul a:hover{
    color: #f0a80c;
}
```

知识解读

1. id 选择器

写成 "#xxx" 的选择器，就称为 id 选择器，它表示 id="xxx"的那个元素将使用该样式。例如：

```
#container{
    CSS 属性: 值;
    CSS 属性: 值;
    ...
}
```

2. list-style-position 属性

list-style-position 表示列表(ol 和 ul)中列表项标记的位置，默认情况为 list-style-position: outside，表示列表项标记在 li 的边框线以外固定距离处（这个距离不受 li 的内边距和外边距的影响，也不受 ul 的内边距和外边距的影响），list-style-position: inside 表示列表项标记在 li 的内容盒区域内。

该属性设置给列表（ol 和 ul）或列表项（li）都可以。

3. 多类选择器

多个选择器之间没有任何分隔符，即写成 div.left.clear 这样的选择器，就称为多类选择器，它表示同时符合多个选择器的含义的元素。假设有如下 HTML 代码和 CSS 代码：

```
<nav class="left clear ">
```

```
    …
</nav>
<div class="clear left ">
    …
</div>
<div class=" clear right">
    …
</div>

div.left.clear{
    background: #ccc;
}
```

则以上这条样式规则将作用于 class=" clear left"的 div 元素，对另外两个元素没有影响。

4．:hover 选择器

:hover 表示鼠标指针悬停在其上面的元素。这种表示某种状态下的元素的选择器称为伪类选择器，最常用的伪类选择器还有使用在 a 元素上的几种选择器，如 a:link、a:visited、a:hover、a:active。

5．overflow 属性

overflow: hidden 表示元素内容溢出元素边框时，隐藏溢出在边框外的部分。

6．white-space 属性

white-space: nowrap 表示文本不会换行，文本会在同一行上继续，直到遇到
 标签为止。

7．text-overflow 属性

text-overflow: ellipsis 表示当文本溢出包含元素时，显示省略号来代表超出的文本。hover 选择器可用于所有元素。

扩展练习

请动手尝试，为"更多 +"链接增加鼠标悬停样式。

任务 4.5　"学院首页"三列非对称栏目的制作

本任务介绍三列布局的首页栏目的制作方法，左边一个栏目、中间两个栏目（上下布局）、右边两个栏目（上下布局）。

微　课

"学院首页"三列非对称栏目的制作

任务要求

请在网页的主体内容区以左中右三列布局展示 5 个栏目，中间两个栏目（上下布局）、右边两个栏目（上下布局），如图 4-19 所示。

图 4-19　"学院首页"三列非对称栏目

任务分析

主体内容区的 div 内再写 3 个 div 表示左中右 3 个盒子,3 个盒子都设置浮动、宽度和背景色,中间的盒子设置左右外边距,主体内容区的 div 设置"清除浮动"。

左边的盒子里包含一个 section,中间和右边的盒子里各包含两个 section,每个 section 由一个 header 和一个 ul 组成。较之上一个任务,区别如下:第一个 header 设置底部边框线,其他 header 设置背景色,h3 设置背景图标,ul 设置自定义的列表项图标。

任务 4.5.1　网页结构和基本样式的实现

任务实现

步骤 1:搭建网站结构。

新建文件夹 4-5,在文件夹 4-5 下新建两个子文件夹(images 和 styles),将素材图片放到文件夹 images 下。

在网页编辑器内打开文件夹 4-5,在 4-5 下新建网页文件 index.html,在 styles 下新建样式文件 base.css 和 main.css,得到如图 4-20 所示的网站结构。

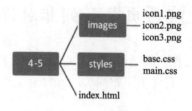

图 4-20　网站结构

步骤 2:打开 index.html,写 HTML 代码,搭建网页结构,并为某些元素设置 id 属性或 class 属性,其中,为所有需要左浮动的元素统一设置 class="pull-left",为所有需要右浮动的元素统一设置 class="pull-right",为所有需要清除浮动的元素统一设置 class="clear-fix"(请关注带下画线的部分)。

```html
<!DOCTYPE html>
<html lang="en">
<head>
    <meta charset="UTF-8">
    <title>首页栏目类文本内容</title>
</head>
<body>
    <div id="container">
        <div id="content" class="clear-fix">
            <div class="pull-left div1">
                <section class="sec1">
                </section>
            </div>
            <div class="pull-left div2">
                <section class="sec2">
                </section>
                <section class="sec3">
                </section>
            </div>
            <div class="pull-left div3">
                <section class="sec4">
                </section>
                <section class="sec5">
                </section>
            </div>
        </div>
    </div>
</body>
</html>
```

步骤 3：在第一个 section 内添加元素，同样为需要右浮动的元素设置 class="pull-right"。

```html
<section class="sec1">
    <header>
        <h3></h3>
        <a href="" class="pull-right"></a>
    </header>
    <ul>
        <li>
            <a href=""></a>
            <span class="pull-right"></span>
        </li>
        <li>
            <a href=""></a>
            <span class="pull-right"></span>
        </li>
        ...
    </ul>
</section>
```

（12 个 li）

步骤 4：在 h3、a、span 内添加文字（下面用省略号代替），li 内 a 元素的文本需要有的长有的短。

```
<section class="sec1">
    <header>
        <h3>…</h3>
        <a href="" class="pull-right">…</a>
    </header>
    <ul>
        <li>
            <a href="">…</a>
            <span class="pull-right">…</span>
        </li>
        <li>
            <a href="">…</a>
            <span class="pull-right">…</span>
        </li>
        …
    </ul>
</section>
```

步骤 5： 用同样的方法在后面 4 个 section 元素内添加内容，每个 section 元素内包含 6 个 li。

步骤 6： 打开 base.css，写基本的 CSS 代码，并在 index.html 中引用 base.css。

```css
/*对所有元素清零浏览器默认的内外边距*/
*{
    margin:0;
    padding: 0;
}
/*大盒子*/
#container{
    width: 1200px;
    margin: 0 auto;
}
/*网页的主体内容区*/
#content{
    margin-top: 5px;
    padding: 15px;
}
/*所有的超链接*/
a{
    text-decoration: none;
    color: #383838;
}
/*所有的ul*/
ul{
    list-style-position: inside;
}
/*所有需要左浮动的元素*/
.pull-left{
    float: left;
}
/*所有需要右浮动的元素*/
.pull-right{
    float: right;
}
/*所有需要清除浮动的元素*/
```

```
.clear-fix{
    overflow: hidden;
}

<head>
    <meta charset="UTF-8">
    <title>首页栏目类文本内容</title>
    <link rel="stylesheet" type="text/css" href="styles/base.css">
</head>
```

步骤 7：浏览网页，确认该有的基本样式是否已实现。

任务 4.5.2　三列非对称栏目样式的实现

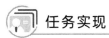 **任务实现**

步骤 1：打开 main.css，为左中右 3 个列设置合适的宽度、背景色和外边距，并在 index.html 中引用 main.css。

```
/*左浮动的 3 个 div*/
div.pull-left{
    width: 380px;
    background: #f8f8f8;
}
/*左浮动的第二个和第三个 div*/
div.pull-left.div2 , div.pull-left.div3{
    margin-left: 15px;
}

<head>
    <meta charset="UTF-8">
    <title>首页栏目类文本内容</title>
    <link rel="stylesheet" type="text/css" href="styles/base.css">
    <link rel="stylesheet" type="text/css" href="styles/main.css">
</head>
```

> div 和 .pull-left 之间不写空格

> div、.pull-left 和 .div2(.div3) 之间不写空格

步骤 2：在 main.css 中为栏目标题设置样式，使其变成行内块，具有合适的行高、边距、背景图像和文本颜色。

```
/*所有栏目的标题*/
#content header > h3{
    display: inline-block;
    line-height: 45px;
    background: url(../images/icon2.png) no-repeat 10px 50%;
    padding-left: 30px;
    color: #fff;
}
/*栏目 1 的标题*/
#content .sec1 header > h3{
    background: url(../images/icon1.png) no-repeat 0 50%;
    color: #f0a80c;
}
```

步骤 3：在 main.css 中为栏目头部设置底部边框线或背景色。

```
/*栏目 1 的头部*/
#content .sec1 header{
    border-bottom: 1px solid #666;
}
/*栏目 2 和栏目 3 的头部*/
#content .sec2 header,#content .sec3 header{
    background: #3d73b5;
}
/*栏目 4 和栏目 5 的头部*/
#content .sec4 header,#content .sec5 header{
    background: #f0a80c;
}
```

步骤 4：在 main.css 中为栏目头部里的"更多>>"设置样式，使其具有与栏目标题匹配的行高和合适的边距、文本颜色。

```
/*所有栏目头部里的"更多>>"*/
#content header > a{
    line-height: 45px;
    margin-right: 10px;
    color: #fff;
}
/*栏目 1 头部里的"更多>>"*/
#content .sec1 header > a{
    color: #383838;
}
```

步骤 5：在 main.css 中为栏目内容设置样式，使其具有合适的边距、行高、文本颜色以及自定义的列表项标记。

```
/*所有栏目的内容*/
#content ul{
    padding: 15px;
    line-height: 30px;
    color: #383838;
    list-style-image: url(../images/icon3.png);
}
/*栏目 1 的内容*/
#content .sec1 ul{
    line-height: 36px;
}
```

步骤 6：在 main.css 中为栏目内容里的 a 元素设置样式，使其具有超长的部分显示为省略号的特点，并在鼠标悬停在它上面时有向右移动的效果。

```
/*栏目内容里的链接*/
#content ul a{
    display:inline-block;
    width: 230px;
    overflow: hidden;
    white-space: nowrap;
    text-overflow:ellipsis;
    vertical-align: top;        /*默认对齐方式(baseline)下,父元素 li 的 height
                                  会被撑高*/
```

```
    transition: margin-left 0.5s;    /*过渡效果: margin-left 属性的值发生变
                                     化时用 0.5s 的时间*/
}
/*栏目内容里的链接（鼠标悬停在上面时）*/
#content ul a:hover{
    margin-left: 5px;
}
```

知识解读

1．list-style-image 属性

list-style-image 表示自定义列表项标记，将图像作为列表项的标记，具体图像文件通过 url 引用。

该属性设置给列表（ol 和 ul）或列表项（li）都可以。

2．list-style-type 属性

list-style-type 表示列表（ol 和 ul）中列表项标记的类型，该属性设置给列表（ol 和 ul）或列表项（li）都可以。最常用的取值如表 4-5 所示。

表 4-5　list-style-type 属性最常用的取值

值	描　　述
none	无标记
disc	标记是实心圆。这是 ul 的默认标记
circle	标记是空心圆
square	标记是实心方块
decimal	标记是数字，这是 ol 的默认标记
decimal-leading-zero	0 开头的数字标记(01、02、03 等)
lower-roman	小写罗马数字(i、ii、iii、iv、v 等)
upper-roman	大写罗马数字(I、II、III、IV、V 等)

3．list-style 属性

list-style 属性是 list-style-type、list-style-image、list-style-position 三个列表项属性的组合。如 list-style: url(../images/icon3.png) inside 相当于 list-style-image: url(../images/icon3.png); list-style-position: inside。list-style: none 相当于 list-style-type: none。

4．transition 属性

transition 表示过渡效果。它是如下 4 个过渡属性的缩写：

transition-property（应用过渡效果的 CSS 属性的名称）、transition-duration（过渡效果花费的时间）、transition-timing-function（过渡效果的时间曲线）、transition-delay（过渡效果何时开始）。用法如 transition: background 3s linear 1s，表示元素的 CSS background 属性如果发生变化（如鼠标悬停在上面时变化），用 3s 的时间完成变化，以匀速完成变化，将在 1s 后开始变化（从鼠标悬停在上面的时刻计算）。

transition-timing-function 属性的可取值如表 4-6 所示。

表 4-6　transition-timing-function 属性的可取值

值	描　　述
linear	规定以相同速度开始至结束的过渡效果（等于 cubic-bezier(0,0,1,1)）
ease	规定慢速开始，然后变快，然后慢速结束的过渡效果（cubic-bezier(0.25,0.1,0.25,1)）
ease-in	规定以慢速开始的过渡效果（等于 cubic-bezier(0.42,0,1,1)）
ease-out	规定以慢速结束的过渡效果（等于 cubic-bezier(0,0,0.58,1)）
ease-in-out	规定以慢速开始和结束的过渡效果（等于 cubic-bezier(0.42,0,0.58,1)）
cubic-bezier(n,n,n,n)	在 cubic-bezier() 函数中自己的值，可能的值是 0 ~ 1 之间的数值

扩展练习

本任务中将图像作为列表项标记时用的方法是如下设置 ul 元素的 CSS 设置：

```
list-style-position: inside;
list-style-image: url(../images/icon3.png);。
```

其实也可以用 list-style: none 去掉列表项图标，然后将 icon3.png 设置为 li 的背景图像或 li>a 的背景图像，而且这种做法也很常用，请动手尝试。

任务 4.6　"专业介绍"页的制作（左窄右宽的两列布局）

本任务介绍左边导航右边正文（左窄右宽）的两列布局页面的制作方法。

 任务要求

请在网页的主体内容区以左窄右宽的两列布局显示文本，左边为导航，右边为正文，如图 4-21 所示。

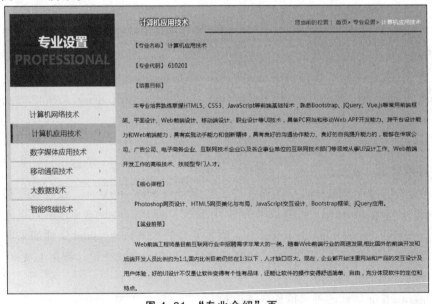

图 4-21　"专业介绍"页

任务分析

主体内容区的 div 内再写两个 div 表示左右两列,两列都设置浮动和宽度,主体内容区的 div 设置"清除浮动",设置渐变色背景。

左列里包含一个 h2 和一个侧边导航(nav>u>li>a)。h2 设置垂直内边距和背景色,h2 里的两行文字之间写换行符(<br>),第二行文字用 span 包围。ul 设置背景色、垂直内边距和行高,背景色和内边距设置给 nav 也可以,应该将 CSS 设置集中到一个元素上,要么 nav,要么 ul。a 元素要变成块级元素,以便填满其父元素 li,a 要设置左边框线和背景图标(左边框线和背景图标设置给 li 也可以,同样尽量集中到 a 元素上设置)。a 元素里的当前活动项(即跟右边的正文对应的 a)要设置背景色,鼠标悬停时的 a 也要设置背景色。

右列中包含一个 header 和若干 p,header 的实现方法跟任务 4.2.3 中的 header 基本相同,h2 设置阴影效果。p 里面带中括号的文字用 span 包裹。

任务 4.6.1　网页结构和基本样式的实现

 任务实现

步骤 1:搭建网站结构,如图 4-22 所示。

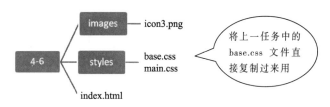

图 4-22　网站结构

步骤 2:打开 index.html,写 HTML 代码,引用 CSS 文件,搭建网页结构,并为某些元素设置 id 属性或 class 属性。其中,为所有需要左浮动的元素统一设置类名 pull-left,为所有需要右浮动的元素统一设置类名 pull-right,为所有需要清除浮动的元素统一设置类名 clear-fix,以便让基础样式文件 base.css 里的相应样式直接起作用(请关注带下画线的部分)。

```
<!DOCTYPE html>
<html lang="en">
<head>
    <meta charset="UTF-8">
    <title>左边导航右边正文</title>
    <link rel="stylesheet" type="text/css" href="styles/base.css">
    <link rel="stylesheet" type="text/css" href="styles/main.css">
</head>
<body>
    <div id="container">
        <div id="content" class="clear-fix">
            <div class="pull-left div1">
                <h2></h2>
```

```
                        <nav class="nav-aside"></nav>
                    </div>
                    <div class="pull-right div2">
                        <header>
                            <h3></h3>
                            <nav class="nav-bread"></nav>
                        </header>
                        <div class="main"></div>
                    </div>
                </div>
            </div>
    </body>
</html>
```

步骤 3：在左浮动的 div 内添加元素，为 nav 元素设置类名 nav-aside，为当前页对应的 a 元素（以下称当前活动项）设置类名 active（请关注带下画线的部分）。

```
<div class="pull-left div1">
    <h2></h2>
    <nav class="nav-aside">
        <ul>
            <li><a href=""></a></li>
            <li><a href="" class="active"></a></li>
            <li><a href=""></a></li>
            <li><a href=""></a></li>
            <li><a href=""></a></li>
        </ul>
    </nav>
</div>
```

步骤 4：在右浮动的 div 内添加元素，为 nav 元素设置类名 nav-bread，为当前活动项设置类名 active（请关注带下画线的部分）。

```
<div class="pull-right div2">
    <header>
        <h3></h3>
        <nav class="nav-bread">
            <span></span>
            <a href=""></a>&gt;
            <a href=""></a>&gt;
            <a href="" class="active"></a>
        </nav>
    </header>
    <div class="main">
        <p></p>       8个 p
        <p></p>
        ...
    </div>
</div>
```

步骤 5：在 h2、h3、a、span 内添加文字（下面将无关紧要的文本内容用省略号代替），将需要独立设置样式的行内文本用 span 围起来并设置必要的类名（请关注带下画线的部分）：

```
<div class="pull-left div1">
    <h2>专业设置<br><span>PROFESSIONAL</span></h2>
    <nav class="nav-aside">
        <ul>
            <li><a href="">…</a></li>
            <li><a href="" class="active">…</a></li>
            …
        </ul>
    </nav>
</div>
<div class="pull-right div2">
    <header>
        <h3>…</h3>
        <nav class="nav-bread">
            <span>…</span>
            <a href="">…</a>&gt;
            <a href="">…</a>&gt;
            <a href="" class="active">…</a>
        </nav>
    </header>
    <div class="main">
        <p>
            <span class="title">【专业名称】</span>
            …
        </p>
        <p>
            <span class="title">【专业代码】</span>
            …
        </p>
        <p>
            <span class="title">【培养目标】</span>
        </p>
        <p>
            …
        </p>
        …
    </div>
</div>
```

步骤 6：浏览网页，观察效果（以下同）。

知识解读

br 元素（
）：表示换行。在网页代码中输入的回车换行符在浏览器中不会呈现为换行符，因为空格、跳格符、回车换行符均被浏览器解析为空格。连续输入的以上符号也只被解析为一个空格。

任务 4.6.2　左边导航和右边正文的美化

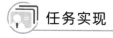 **任务实现**

步骤 1：打开 main.css，为整个网页设置背景，为左右两个列设置合适的宽度和内边距。

```
/*整个网页*/
body{
    background: linear-gradient(to left bottom,#B6B6FF,#fff) no-repeat;
}
/*左边导航区*/
.div1{
    width: 300px;
}
/*右边正文区*/
.div2{
    width: 850px;
    padding-left: 20px;
}
```

步骤 2：在 main.css 中为左列里的标题设置合适的边距、行高、背景、字号、文本颜色等。

```
/*左边导航区内的标题*/
.div1 h2{
    padding-top: 50px;
    padding-bottom: 50px;
    line-height: 50px;
    background: #1553A4;
    color: #fff;
    text-align: center;
    font-size: 35px
}
/*左边导航区内标题里的英文*/
.div1 h2 span{
    color: #618393;
}
```

步骤 3：在 main.css 中为左列里的 ul 设置合适的背景、内边距、行高、字号等，并去除列表项标记。

```
/*左边导航区内的 ul */
.nav-aside ul{
    background: #F6F6F6;
    padding: 50px 0 ;
    list-style-type: none;
    line-height: 50px;
    font-size: 20px;
}
```

步骤 4：在 main.css 中为左列里的 a 元素设置样式，使其变成块级元素，填满其父元素 li，并具有合适的内边距、背景图像和底部边框线。

```
/*左边导航区内所有 li 里的 a */
.nav-aside li a{
    display: block;
    padding-left: 55px;
    background: url(../images/icon3.png) no-repeat 85% 50%;
    border-bottom: 1px solid #ccc;
}
```

步骤 5：在 main.css 中为左列里的第一个 a 元素、当前活动项和 a 元素的鼠标悬停时刻设置样式。

```
/*左边导航区内第一个 li 里的 a */
.nav-aside li:first-child a{
    border-top: 1px solid #ccc;
}
/*左边导航区内的当前活动项 */
.nav-aside li a.active{
    background-color: #ccc;
    border-left: 5px solid #1553A4;
}
/*左边导航区内 a 的鼠标悬停时刻 */
.nav-aside li a:hover{
    background-color: #ccc;
    border-left: 5px solid #1553A4;
}
```

步骤 6：在 main.css 中为右列里的标题、面包屑导航、当前活动项和头部设置合适的样式。

```
/*右边正文区内的标题*/
.div2 h3{
    display: inline-block;
    line-height: 50px;
    padding: 0 50px;
    color:#fff;
    border-bottom: 3px solid #ccc;
    font-size: 20px;
    text-shadow: 2px 1px 5px #00F,-1px -2px 3px #00F; /*文本阴影*/
}
/*右边正文区内的面包屑导航*/
.nav-bread{
    float: right;
    line-height: 50px;
    color: #333;
}
/*面包屑导航内的当前活动项*/
.nav-bread .active{
    color:#fff;
}
/*右边正文区内的头部*/
.div2 header{
    border-bottom: 3px solid #1553A4;
    height: 50px;
}
```

步骤 7：在 main.css 中为右列里的段落和段落内的 span 设置合适的样式。

```
/*右边正文区内的段落*/
.div2  p{
    margin-top: 15px;
    text-indent:2em;
    line-height: 40px;
```

```
}
/*段落里的span*/
.div2  p .title{
    color:#1553A4;
    font-weight: bold;
}
```

知识解读

1. CSS 函数 linear-gradient()

linear-gradient()函数用于创建一个线性渐变的"图像"，作为 background-image 属性或 background 属性的值。为了创建一个线性渐变的"图像"（渐变色），需要设置渐变的方向和至少两个颜色值，用法如下：

```
background: linear-gradient(方向, 起始颜色, 终止颜色1,终止颜色2,…);
Background-image: linear-gradient(方向, 起始颜色, 终止颜色 1,终止颜色 2
            ,…);
```

方向的表示法如表 4-7 所示。

表 4-7　linear-gradient() 函数中颜色渐变方向的表示法

值	描　　述
to bottom	默认值，从上到下渐变
to top	从下到上渐变
to left	从右到左渐变
to right	从上到下渐变
to left bottom	从右上到左下渐变
to left top	从右下到左上渐变
to right bottom	从左上到右下渐变
to right top	从左下到右上渐变
0deg	相当于 to top，从下到上渐变
90deg	相当于 to right，从左到右渐变
180deg	相当于 to bottom，从上到下渐变
–90deg	相当于 270deg 和 to left，从右到左渐变

2. text-align 属性

text-align 属性表示块级元素内文本和图像的水平对齐方式。默认情况是 text-align:left，靠左；text-align:center 为居中；text-align:right 为靠右。text-align 属性有继承性，子元素会继承父元素的 text-align 值。

3. font-size 属性

font-size 属性字体尺寸（字号），元素的默认字号均继承自其父元素，而网页根元素（<html></html>）的字号因浏览器而不同。对大部分浏览器，HTML 元素的字号为 16 px。

4．:first-child 伪类选择器

:first-child 是一种伪类选择器，表示属于其父元素的首个子元素的那个元素。例如，p:first-child 表示其父元素的首个子元素，而且是 p 元素；li:first-child 表示其父元素的首个子元素，而且是 li 元素。

5．:last-child 伪类选择器

:last-child 是一种伪类选择器，表示属于其父元素的最后一个子元素的那个元素。例如，p:last-child 表示其父元素的最后一个子元素，而且是 p 元素；li:last-child 表示其父元素的最后一个子元素，而且是 li 元素。

6．:nth-child()伪类选择器

:nth-child(n)是一种伪类选择器，表示属于其父元素的第 n 个子元素的那些元素。

例如，:nth-child(2)表示属于其父元素的第二个子元素的所有元素；p:nth-child(2)表示属于其父元素的第二个子元素的 p 元素；li:nth-child(2)表示属于其父元素的第二个子元素的 li 元素。

n 可以是数字、关键字或公式，如关键字 odd 表示第偶数个子元素，关键字 even 表示第奇数个子元素，公式 3n+0 表示序号为 3 的倍数的子元素。

假设有如下 HTML 代码和 CSS 代码：

```
<body>
    <div >
        <p>第一个段落</p>
        <p>第二个段落</p>
        <p>第三个段落</p>
    </div>
    <div >
        <p>第四个段落</p>
        <p>第五个段落</p>
        <p>第六个段落</p>
    </div>
    <p>第七个段落</p>
    <p>第八个段落</p>
    <p>第九个段落</p>
</body>

<style>
    p:first-child{
        color:red;
    }
    p:last-child{
        background:red;
    }
    p:nth-child(2){
        border:1px solid #000;
    }
</style>
```

以上第一个样式规则将作用于"第一个段落"和"第四个段落"，而不会作用于"第七

个段落"；以上第二个样式规则将作用于"第三个段落"、"第六个段落"和"第九个段落"；以上第三个样式规则将作用于"第二个段落"和"第五个段落"，而不会作用于"第八个段落"。

7. text-shadow 属性

text-shadow 表示为文本添加一个或多个阴影，每个阴影由如下 4 个值描述：水平阴影的位置、垂直阴影的位置、阴影的模糊度、阴影的颜色。例如：

```
text-shadow: 2px 1px 5px #00F,-1px -2px 3px #00F;
```

表示第一个阴影在文本的右下方(2px,1px)处，模糊度为 5px，第二个阴影在文本的左上方(1px,2px)处，模糊度为 3px，阴影的颜色均为蓝色。

扩展练习

请动手尝试，将本任务中左边导航里的 ul 的背景色改成渐变背景色。

单 元 小 结

在本单元中，学习了标题、文章头部、简介、首页栏目等典型的文本内容的展现方法，可以发现美化这些文本内容主要依靠 line-height、color、background、text-indent、font-weight、text-decoration 等 CSS 属性的综合运用，而正确使用这些 CSS 属性的前提是要正确理解和熟练掌握子代选择器、后代选择器、相对路径、绝对路径等重要的概念。

习 题

1. 请说出 article 与 div 的异同。
2. 空格的 HTML 实体表示形式是什么？
3. HTML 代码中的"<>"在浏览器内显示为下列哪项内容？
   A. <>　　　　B. <>　　　　C. ><　　　　D. 乱码
4. h 元素与 p 元素的主要区别是什么？
5. p 元素与 span 元素的主要区别是什么？
6. link 元素中指出外部样式表的路径的是哪个属性？
7. 有如下 HTML 和 CSS 代码，p 元素的文本在浏览器内不换行。请问 div 和 p 元素的 height 属性分别等于多少？为什么？

```
<div style="line-height: 30px;">
    <p style="border-bottom: 1px solid #000;">带边框线的文本</p>
</div>
```

8. 让单行文本在其元素高度内垂直居中的常用方法是什么？
9. line-height:150%的含义是什么？
10. line-height:1.5em 的含义是什么？
11. line-height:1.5 的含义是什么？

12. 什么样的六位十六进制颜色值可缩写成三位十六进制形式？

13. 请写出颜色值#00f 的其他表示形式。

14. 请解释下面这条 CSS 声明的含义：

```
background: rgba(0,0,255,0.1) url(sub/beijing.png) repeat-x 50% 50%;
```

15. .div1 > .left > p 是什么选择器？含义是什么？

16. 表示首行缩进的 CSS 属性是什么？

17. 什么时候使用 span 元素？

18. a 元素的链接目标可以是哪些对象？

19. font-weight 的默认值（常规粗细）是多少？最大值是多少？bold 相当于多少？

20. 去掉超链接的下画线要设置其哪个 CSS 属性？

21. 假设网站结构如下，请问在 a.html 文件中引用 a.png 文件的相对路径怎么写？

文件夹 temp 下有 sub1 和 sub2 两个文件夹，sub1 下有 sub1sub1 文件夹，sub1sub1 下有 a.html 文件，sub2 下有 a.png 文件。

22. <a href="">链接 1</a>和<a href="#">链接 2</a>有什么区别？

23. 如何把行内元素变成块级元素？

24. 两个块级元素变成行内块后它们的 CSS vertical-align 属性的默认值是什么？如果想让它们顶部对齐应设置为什么？

25. 两个块级元素变成行内块后它们中间会有个空格，如果通过设置其父元素的 font-size 为 0 来消除，那么这两个块级元素本身的 font-size 也会变成 0 吗？如果会，该如何处理？

26. 两个块级元素，一个变成行内块，另一个浮动，则是否需要对其父元素清除浮动？为什么？

27. .div1 .left p 是什么选择器？含义是什么？

28. 表示上标和下标的元素分别是什么？

29. 用通配符选择器（*）有什么副作用？

30. 元素的 id 属性有唯一性，这唯一性的含义是什么？

31. ul、ol、dl 从外观上有什么区别？

32. 什么叫 id 选择器？

33. list-style-position: outside 和 list-style-position: inside 的区别是什么？

34. div.left.clear 是什么选择器？含义是什么？

35. .title:hover 是什么选择器？含义是什么？

36. 如何让单行文本超长的部分显示为省略号？

37. 如果同时设置了 ul 的 list-style-type（circle）和 list-style-image 两个 CSS 属性，那么列表项标记是 circle 还是自定义图像？

38. 有 CSS 代码 p:hover{background: #f00;}，想让 p 的背景色变化持续 2s 的时间，如何实现？

39. 如何让元素拥有从左到右逐渐变浅的蓝色背景？

40. a:last-child 是什么选择器？含义是什么？

第5单元 网页主体内容的构建2——图片的制作

图片可以提升网页的视觉效果，提升用户体验，图文结合的表现形式深受用户喜欢。通过本单元的学习，应该达到以下目标：

- 学会网页上背景图片和前景图片的展示方法。
- 掌握常见的图文组织形式。
- 掌握 figure、img 等 HTML 元素的用法。
- 掌握 background-size、background-attachment、border-radius、opacity、display 等 CSS 属性的用法。
- 掌握图片的垂直对齐方式、清除浮动、CSS Sprites 等概念。

任务 5.1 "学院首页"两行对称栏目插图

本任务介绍在单列布局的网页上显示插图的方法。

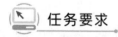 **任务要求**

请在第 4 单元的任务 4.4 所制作的网页上插入一张图片，为包含图片的盒子设置合适的边框和内边距，图片横向填满盒子，保持其原始纵横比，如图 5-1 所示。

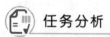 **任务分析**

装插图的盒子一般用 figure 元素。在上下两个盒子的中间增加一个 figure 元素，figure 元素内放一个 img 元素。设置 figure 元素的边框和内边距，设置 img 元素的 width 为 100%，height 可以不设置。

图 5-1　"学院首页"两行对称栏目中插入图片

任务实现

步骤 1：搭建网站结构。

将任务 4.4 的文件夹复制一份，并重命名为 5-1，在 5-1 下增加 images 文件夹，并将素材图片放入 images 文件夹中，如图 5-2 所示。

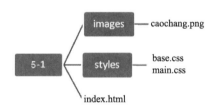

图 5-2　网站结构

步骤 2：打开 index.html，在 .div1 和 .div2 之间增加如下 HTML 代码（带下画线的部分）。

```html
<div id="content">
    <div class="div1 clear-fix">
        <section class="sec1 pull-left">…
        </section>
        <section class="sec2 pull-right">…
        </section>
    </div>
    <figure class="fig">
        <img src="images/caochang.png" alt="图片加载失败" title="校园风景">
    </figure>
    <div class="div2 clear-fix">
        <section class="sec3 pull-left">…
        </section>
        <section class="sec4 pull-right">…
```

```
        </section>
      </div>
  </div>
```

步骤 3：此时浏览网页，可看到图片以其原始尺寸显示在网页上，所以必须要设置图片的显示尺寸。

步骤 4：在 main.css 的末尾增加关于图片的 CSS 代码。

```
/*内容区里的插图盒子*/
#content .fig{
    margin-top: 15px;
    text-align: center;
    border: 5px solid #fff;
    padding: 5px;
}
/*内容区里的插图*/
#content .fig img{
    width: 100%;
    vertical-align: top;
}
```

知识解读

1. figure 元素（<figure></figure>）

figure 元素表示与主内容相关的图像、图表、音频/视频、代码等，但如果移动或删除它，也不会影响文档的含义。它也是装别的元素的容器，跟 div 相比，有了"插图、配图"等等语义。figure 元素的默认宽高特性跟 div 一样。

figure 元素经常用作包含图片的盒子，但不是每个图片都适合放在 figure 内。可以在一个figure 内放多张相关图片。

figure 元素内可以用 figcaption 元素，它代表了 figure 元素的一个标题或者说是其相关解释。例如：

```
<figure>
    <figcaption>多角度操场照片</figcaption>
    <img src="images/caochang1.png" title="俯瞰图">
    <img src="images/caochang2.png" title="主席台">
    <img src="images/caochang3.png" title="球门">
</figure>
```

2. img 元素（<img>）

img 元素表示引用一张图片并显示在网页上，其 src 属性用于指出引用的图片文件的路径，所以 src 属性是必需的。另外两个常用的属性是 alt 和 title，alt 属性表示图片不能正确显示时要显示的文本，title 属性表示鼠标悬停在元素上时要显示的文本。title 是适用于所有HTML 元素的全局属性。

3. 图片的显示尺寸

img 元素的 CSS 属性 display 的默认值为 inline，但 img 其实是行内块元素，因为它允许与别的元素同在一行，且它的 CSS 属性 width 和 height 是可设置的，它们表示图片的显示尺寸，如果未设置，图片按原始尺寸显示。

同时设置 width 和 height 可能会改变图片的原始宽高比，若要保持图片的原始宽高比可只设置 width 或 height。

4．图片的垂直对齐方式

行内元素和行内块元素的 CSS 属性 vertical-align（即垂直对齐方式）的默认值均为 base-line（基线对齐），基线对齐的意思是元素被放置在当前行的基线上，当前行的基线指的是与行内字母 x 的底部对准的那条线。

img 的默认对齐方式也是基线对齐，所以图片的底部并没有紧挨着其父元素的底部，即图片底部会有一道空白。这有时会影响图片的布局效果，所以通常都需要设置 img 元素的 vertical-align CSS 属性，设置为 top、middle、bottom 等均可消除图片底部的一道空白。

扩展练习

请动手尝试，在第 4 单元的任务 4.6 所制作的网页的左列下方插入一张图片，并为图片设置阴影（box-shadow），如图 5-3 所示。

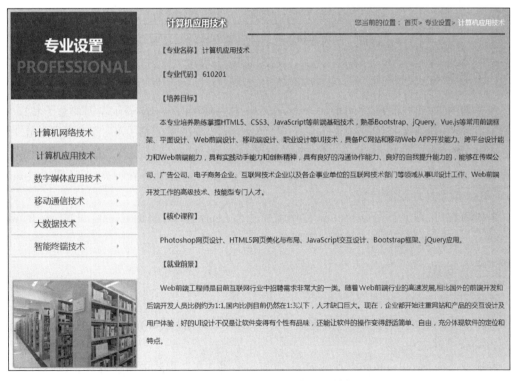

图 5-3　任务 4.6 的左列下方增加的插图

任务 5.2　"学院首页"三列非对称栏目插图

本任务介绍"左图右文"布局和圆角图片的实现方法。

任务要求

请在第 4 单元的任务 4.5 所制作的网页上增加一个"左图右文"形式的新闻链接和两张圆角插图，如图 5-4 所示。

图 5-4 "学院首页"三列非对称栏目中的图文链接和插图

微　课 ●┈┈┈

"学院首页"三列非对称栏目插图

 **任务分析**

在左列的 header 和 ul 之间增加一个 a，a 元素内再写两个 div 表示左图的盒子和右文的盒子。a 要变成块级表格（display: table;），两个 div 要变成单元格（display: table-cell;），第一个 div 设置宽度，第二个 div 设置垂直居中（vertical-align: middle;）。第一个 div 内放一个 img，设置 width 为 100%，第二个 div 内放一个 h4 和一个 p，分别设置行高，p 还要通过 height 和 overflow 两个属性限制行数。

中列和右列，在上下两个 section 之间增加一个 figure 盒子，里面放 img，设置 img 的 width 为 100%，设置 border-radius 属性实现圆角。

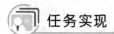 **任务实现**

步骤 1：搭建网站结构。

将任务 4.5 的文件夹复制一份，重命名为 5-2，将素材图片（如 tu11.jpg、tu12.jpg、tu13.jpg）放入 images 文件夹中。

步骤 2：打开 index.html，在 .div1 内增加"左图右文"形式的新闻链接，代码如下（带下画线的部分）。

```
<div class="pull-left div1">
    <section class="sec1">
        <header>…
        </header>
        <a href="" class="news1">
```

```
<div class="div-in1">
    <img src="images/tu11.jpg" alt="">
</div>
<div class="div-in2">
    <h4>新年工作部署会</h4>
    <p>2 月 9 日上午，集团（股份）公司 2018 年度工作部署会在四楼大会议
室召开……</p>
</div>
    </a>
    <ul>…
    </ul>
</section>
</div>
```

步骤 3：此时浏览网页，可看到图和文垂直排列，所以要让图和文水平排列（这次用 display: table; display: table-cell 方法）。

步骤 4：在 main.css 的末尾增加如下 CSS 代码。

```
/*内容区里的第一个新闻链接*/
#content a.news1{
    display: table;
    padding: 10px;
    border-bottom: 1px solid #ccc;
}
/*第一个新闻链接 > 左div*/
#content a.news1 > .div-in1{
    display: table-cell;
    width: 120px;
    height: 100px;
}
/*第一个新闻链接 > 左div > 图片*/
#content a.news1 > .div-in1 > img{
    width: 100%;
    height: 100%;
}
/*第一个新闻链接 > 右div*/
#content a.news1 > .div-in2{
    display: table-cell;
    vertical-align: middle;
    padding-left: 10px;
}
/*第一个新闻链接 > 右div > p*/
#content a.news1 > .div-in2 > p{
    margin-top: 10px;
    line-height: 18px;
    height: 54px;    /*line-height 的 3 倍*/
    overflow: hidden;
}
```

步骤 5：此时浏览网页，可看到“左图右文”布局的新闻链接。

步骤 6：回到 index.html，在 .div2 和 .div3 内两个 section 之间增加插图，代码如下（带下画线的部分）。

```
<div class="pull-left div2">
    <section class="sec2">…
    </section>
    <figure class="fig fig1">
        <img src="images/tu12.jpg" alt="图片加载失败" title="校园风景">
    </figure>
    <section class="sec3">…
    </section>
</div>
<div class="pull-left div3">
    <section class="sec4">…
    </section>
    <figure class="fig fig2">
        <img src="images/tu13.jpg" alt="图片加载失败" title="校园风景">
    </figure>
    <section class="sec5">…
    </section>
</div>
```

步骤 7：在 main.css 中增加如下 CSS 代码。

```
/*内容区里的插图*/
#content .fig img{
    width: 100%;
    border-radius: 5px;
}
/*内容区里的插图盒子*/
#content .fig{
    margin-bottom: 10px;
}
/*内容区里的插图 2*/
#content .fig2 img{
    height: 110px;
}
```

知识解读

1. display 属性

display 属性可用的值很多，本单元介绍了其最常用的取值，即 inline、inline-block、block 和 none。现在再介绍两个相对比较常用的取值，即 table 和 table-cell。

① display: table 表示元素会作为块级表格来显示（类似 table 元素，见第 6 单元），表格前后带有换行符。

② display: table-cell 表示元素会作为一个表格单元格显示（类似 td 元素和 th 元素，见第 6 单元）。

将父元素设置为 display: table，同时将子元素设置为 display: table-cell，也可实现子元素在父元素范围内水平排列的效果，与使用浮动和 inline-block 来实现水平排列相比，有一个好处，即对 display: table-cell 的元素使用 vertical-align: middle 可使其内容垂直居中。

本任务中用此方法实现了图片右边的文本垂直居中。

2．限制段落行数的方法

将 p 元素的 height 设置为其 line-height 的 n 倍，并设置 overflow: hidden，即可达到该 p 元素只显示 n 行内容。

3．border-radius 属性

border-radius 属性表示元素的边缘显示为圆角并规定圆角的半径。border-radius 属性是 border-top-left-radius（左上角半径）、border-top-right-radius（右上角半径）、border-bottom-right-radius（右下角半径）、border-bottom-left-radius（左下角半径）等 4 个属性的简写。这 4 个角还可以再分别设置水平半径和垂直半径，如图 5-5 所示。

图 5-5　元素圆角的水平半径和垂直半径

用法举例如下：

```
/*4 个角*/
border-radius: 10px;
/*4 个角的水平半径 / 垂直半径*/
border-radius: 10px/20px ;
/*4 个角的水平半径为水平边框长度的 50% / 垂直半径为垂直边框长度的 50%*/
border-radius: 50%;
/*左上角、右上角、右下角、左下角（顺时针顺序）*/
border-radius: 10px 20px 0px 30px;
/*左上角、右上和左下角、右上角*/
border-radius: 10px 0px 50px;
/*左上和右下角，右上和左下角*/
border-radius: 20px 0px;
/*左上、右上、右下、左下角的水平半径 / 左上、右上、右下、左下角的垂直半径*/
border-radius: 50px 30px 20px 10px / 20px 30px 20px 30px;
/*右上角*/
border-top-right-radius: 50px;
/*右上角的水平半径/右上角的垂直半径*/
border-top-right-radius: 50px/30px;
```

扩展练习

请动手尝试，将任务中"左图右文"式新闻链接里的图片设置成圆角图片。

任务 5.3　F 式布局、左图右文

本任务介绍一个 F 式布局的美食网页的制作方法，左边以"左图右文"为主、右边以带标题的图片为主。

微　课

F 式布局、左图右文

任务要求

请在网页的主体内容区以 F 式布局展示美食信息，左边以"左图右文"的形式显示美食链接，鼠标悬停时改变背景色，右边以带标题的图片形式显示美食达人链接，如图 5-6 所示。

图 5-6　F 式布局、左图右文式美食网页

任务分析

在主体内容区的 div 里写一个 div 和一个 aside 表示正文和侧边栏，两个盒子设置浮动和宽度。正文区的 div 里包含若干个 a，a 的结构跟上一个任务大致相同，图片右边包含一个 h4 和两个 p，第三个 p 里包含两个 span。

侧边栏里包含一个 h4 和若干个 a，a 里包含一个 h5 和一个 img，img 设置 50% 的圆角。

任务实现

步骤 1：搭建网站结构。

文件夹 5-3 下新建 index.html 文件，子文件夹 styles 和 images 里分别放 CSS 文件和图片文件。

步骤 2：打开 index.html，写 HTML 代码，引用 CSS 文件，搭建网页结构。

```
<!DOCTYPE html>
<html lang="en">
<head>
    <meta charset="UTF-8">
    <title>F 式布局</title>
    <link rel="stylesheet" type="text/css" href="styles/base.css">
<link rel="stylesheet" type="text/css" href="styles/main.css">
</head>
<body>
    <div id="container">
        <div id="content" class="clear-fix">
            <div class="div-out pull-left">
                <a href="">
                    <div class="div-in1">
                        <img src="" alt="">
                    </div>
                    <div class="div-in2">
                        <h4></h4>
                        <p></p>
                        <p></p>
                    </div>
                </a>
                ...
            </div>
            <aside class="pull-right">
                <h4></h4>
                <a href="">
                    <h5></h5>
                    <img src="" alt="" >
                </a>
                ...
            </aside>
        </div>
    </div>
</body>
</html>
```

（图中批注：4 个 a；3 个 a）

步骤 3：为左浮动的 div 内的 a 元素添加实际内容（带下画线的部分）。

```
<div class="div-out pull-left">
<a href="">
    <div class="div-in1">
        <img src="images/tu18.jpg" alt="">
    </div>
    <div class="div-in2">
        <h4>遇见美味#</h4>
        <p class="p1">中国的特色小吃历史悠久，风味各异，品种繁多。面点小吃的历
史可上溯到新石器时代，当时已有石磨，可加工面粉，做成粉状食品……</p>
        <p class="p2">兰 兰   <span class="time">1 月 31 日
 17:27</span></p>
```

```
        </div>
    </a>
    ...
    </div>
```

步骤 4：为右浮动的 aside 内的 h3 和 a 元素添加实际内容（带下画线的部分）。

```
<aside class="pull-right">
    <h4>美食达人</h4>
    <a href="">
        <h5>外国小伙子</h5>
        <img src="images/tu22.jpg" alt="" title="">
    </a>
    ...
</aside>
```

步骤 5：浏览网页，观察效果（以下同）。

步骤 6：打开 main.css，给左右两个列设置合适的宽度、外边距。

```
/*主体内容区*/
#content{
    background: #44B2EF;
}
/*左列*/
.div-out{
    width: 850px;
}
/*右列*/
aside{
    width: 300px;
    margin-left: 20px;
}
```

步骤 7：在 main.css 中为左列里的 a、a 内的左右 div 以及里面的图文元素设置样式。

```
/*左列 > a*/
.div-out > a{
    display: table;
    width: 850px;
    padding: 10px 0;
    border-bottom: 1px solid #ccc;
}
/*左列 > a 的鼠标悬停样式*/
.div-out > a:hover{
    background: #fff;
}
/*左列 > a > 左 div*/
.div-out > a > .div-in1{
    display: table-cell;
    width: 300px;
    height: 180px;
}
/*左列 > a > 左 div > img*/
```

```
.div-out > a > .div-in1 > img{
    width: 100%;
    height: 100%;
}
/*左列 > a > 右 div*/
.div-out > a > .div-in2{
    display: table-cell;
    width: 530px;
    height: 180px;
    vertical-align: middle;
    padding-left: 20px;
}
/*左列 > a > 右 div > 第一个 p*/
.div-out > a > .div-in2 > .p1{
    margin: 10px 0;
}
/*左列 > a > 右 div > 第二个 p*/
.div-out > a > .div-in2 > .p2{
    color: #a80000;
}
/*左列 > a > 右 div > 第二个 p > span*/
.div-out > a > .div-in2 > .p2 > .time{
    color: #00f;
}
```

步骤 8：在 main.css 中为右列里的 img、h4 和 h5 设置样式。

```
/*右列里的 img*/
aside img{
    width: 250px;
    margin: 5px 25px;
    border-radius: 50%;
}
/*右列里的大标题*/
aside h4{
    text-align: center;
    margin-top: 15px;
}
/*右列里的小标题*/
aside h5{
    margin-top: 10px;
    text-align: center;
}
```

任务 5.4　两列布局、上图下文

本任务介绍一个两列布局的商品网页的制作方法，每列以"上图下文"形式呈现内容。

任务要求

请在网页的主体内容区以对称的两列布局展示商品信息，两列均以"上图下文"的形式显示商品链接，如图 5-7 所示。

微 课●
两列布局、上图下文

图 5-7　两列布局、上图下文式商品网页

 任务分析

在主体内容区的 div 里写两个 div 表示左右两列，两列设置浮动和宽度。每列包含一个 h3 和一个 div，该 div 里包含 6 个 a，每个 a 设置浮动和宽度。a 里包含两个 div，一个用于装图片，另一个用于装文字，文字由 3 个 p 组成。图片设置 100% 的宽度，p 设置溢出的部分用省略号显示。

 任务实现

步骤 1： 搭建网站结构。

文件夹 5-4 下新建 index.html 文件，子文件夹 styles 和 images 里分别放 CSS 文件和图片文件。

步骤 2： 打开 index.html，写 HTML 代码，引用 CSS 文件，搭建网页结构。

```html
<!DOCTYPE html>
<html lang="en">
<head>
    <meta charset="UTF-8">
    <title>上图下文</title>
    <link rel="stylesheet" type="text/css" href="styles/base.css">
    <link rel="stylesheet" type="text/css" href="styles/main.css">
</head>
<body>
    <div id="container">
        <div id="content" class="clear-fix">
```

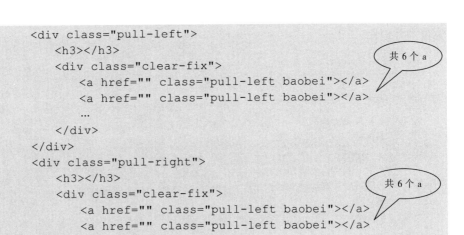

```
                <div class="pull-left">
                    <h3></h3>
                    <div class="clear-fix">
                        <a href="" class="pull-left baobei"></a>
                        <a href="" class="pull-left baobei"></a>
                        ...
                    </div>
                </div>
                <div class="pull-right">
                    <h3></h3>
                    <div class="clear-fix">
                        <a href="" class="pull-left baobei"></a>
                        <a href="" class="pull-left baobei"></a>
                        ...
                    </div>
                </div>
            </div>
        </div>
    </body>
</html>
```

共 6 个 a

共 6 个 a

步骤 3: 为左浮动的 div 内的 h3 和 a 元素添加实际内容 (带下画线的部分)。

```
<div class="pull-left left">
    <h3>有好货</h3>
    <div class="clear-fix">
        <a href="" class="pull-left baobei">
            <div class="div-img">
                <img src="images/a.jpg" alt="">
            </div>
            <div class="div-text">
                <p>免照灯的猫眼指甲油</p>
                <p>独树一帜的免照灯猫眼指甲油</p>
                <p>88740 人说好</p>
            </div>
        </a>
        <a href="" class="pull-left baobei">
            <div class="div-img">
                <img src="images/b.jpg" alt="">
            </div>
            <div class="div-text">
                <p>MissCandy 指甲油</p>
                <p>这款指甲油是 3D 效果的, 银色中带着一点粉, 宛如光下的贝壳。</p>
                <p>73288 人说好</p>
            </div>
        </a>
        ...
    </div>
</div>
```

步骤 4: 浏览网页, 观察效果 (以下同)。

步骤 5: 打开 main.css, 为左右两个列设置合适的宽度、外边距和背景色, 设置宝贝链接的宽度和外边距。

```css
/*主体内容区*/
#content{
    background: #ccc;
}
/*左列和右列*/
.left,.right{
    width: 555px;
    padding: 10px;
    background: #fff;
}
/*右列*/
.right{
    margin-left: 20px;
}
/*宝贝链接*/
.baobei{
    display: block;
    width: 181px;
    margin-left: 6px;
}
/*第一个和第四个宝贝链接*/
.baobei:first-child,.baobei:nth-child(4){
    margin-left: 0;
}
```

步骤 6：在 main.css 中为左右两列里的标题、图片、文本设置样式。

```css
/*左列里的标题*/
.left h3{
    margin-bottom: 10px;
    color: #0077F7;
    font-family: 华文行楷;
}
/*右列里的标题*/
.right h3{
    margin-bottom: 10px;
    color: #DD4F42;
    font-family: 华文行楷;
}
/*宝贝链接里装图片的div*/
.div-img{
    background: #000;      /*图片不透明度<1 时要透出的颜色*/
    overflow: hidden;
}
/*宝贝链接里的图片*/
.div-img img{
    width: 181px;
    height: 181px;
```

```
        vertical-align: top;
        opacity: 0.9;
}
/*宝贝链接里的p*/
.div-text p{
        white-space: nowrap;
        overflow: hidden;
        text-overflow: ellipsis;
        line-height: 30px;
}
/*宝贝链接里的第2个p*/
.div-text p:nth-child(2){
        color:#ababab;
        font-size: 14px;
}
/*宝贝链接里的第3个p*/
.div-text p:nth-child(3){
        color:#0077F7;
        font-size: 14px;
        margin-top: 5px;
}
/*鼠标悬停在宝贝链接上时图片变暗的效果*/
.baobei:hover .div-img img{
        opacity: 0.8;
}
/*鼠标悬停在宝贝链接上时第1个p颜色变化效果*/
.baobei:hover .div-text p:first-child{
        color: #FF5500;
}
```

步骤 7： 回到 index.html，通过复制和修改快速产生左列其他 a 元素的内容以及右列的所有内容，完成整个网页。

知识解读

opacity 属性：opacity 属性表示图片、元素的背景色和文本颜色的不透明度，从 0.0（完全透明）到 1.0（完全不透明）。

任务 5.5　文字环绕图片 1

本任务介绍如何实现文字环绕图片的效果。

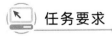 **任务要求**

请在第 4 单元的任务 4.2 所制作的网页上增加两张图片，呈文字环绕图片的效果，如图 5-8 所示。

图 5-8　文字环绕图片 1

 **任务分析**

只要图片设置浮动即可，图片左浮动后其后面的 p 的内容会从其右边开始显示，图片右浮动后其后面的 p 的内容会从其左边开始显示，从而呈现文字环绕图片的效果。两张图片分别放在第一个 p 的前面和第四个 p 的前面。

 任务实现

步骤 1：搭建网站结构。

将任务 4.2 的文件夹复制一份，重命名为 5-5，将素材图片放入 images 文件夹中。

步骤 2：打开 index.html，第一个 p 元素之前和第四个 p 元素之前分别插入一个 img 元素（带下画线的部分）。

```
<body>
    <div class="container">
        <div class="content">
            <article>
                <header> ...
                </header>
                <img src="images/tu1.jpg" alt="" class="img1">
                <p> ...
                </p>
                <p> ...
                </p>
                <p> ...
                </p>
                <img src="images/tu3.jpg" alt="" class="img2">
                <p> ...
                </p>
                <p> ...
                </p>
```

```
            </article>
        </div>
    </div>
</body>
```

步骤 3：浏览网页，观察效果（以下同）。

步骤 4：打开 style.css，为图片设置宽度、外边距和浮动。

```
/*内容区内的图片 1*/
.content .img1{
    width: 300px;
    margin: 10px 10px 10px 0;
    float: left;
}
/*内容区内的图片 2*/
.content .img2{
    width: 300px;
    margin: 10px 0 10px 10px;
    float: right;
}
```

知识解读

文字环绕图片的效果：将包含文字的块级元素（如 p、h1~h6）前面的图片设置为浮动即可实现文字环绕图片的效果。因为图片浮动后，因脱离了标准文档流，图片会浮于后续块级元素的块框上面，但块级元素内的图文内容会避开浮动的图片而显示，从而呈现文字环绕图片的效果。

扩展练习

请在第 4 单元的任务 4.1 所制作的网页上增加一张图片，实现文字环绕图片的效果，如果 5-9 所示。

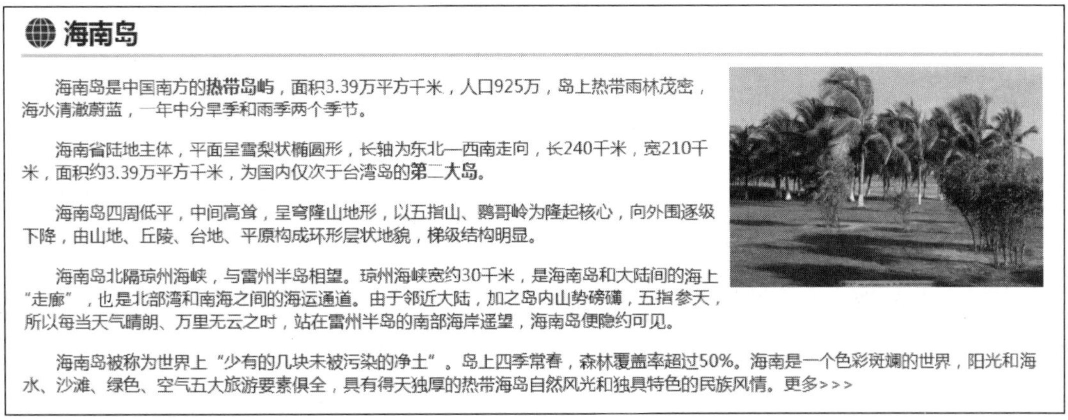

🌐 海南岛

海南岛是中国南方的**热带岛屿**，面积3.39万平方千米，人口925万，岛上热带雨林茂密，海水清澈蔚蓝，一年中分旱季和雨季两个季节。

海南省陆地主体，平面呈雪梨状椭圆形，长轴为东北—西南走向，长240千米，宽210千米，面积约3.39万平方千米，为国内仅次于台湾岛的**第二大岛**。

海南岛四周低平，中间高耸，呈穹隆山地形，以五指山、鹦哥岭为隆起核心，向外围逐级下降，由山地、丘陵、台地、平原构成环形层状地貌，梯级结构明显。

海南岛北隔琼州海峡，与雷州半岛相望。琼州海峡宽约30千米，是海南岛和大陆间的海上"走廊"，也是北部湾和南海之间的海运通道。由于邻近大陆，加之岛内山势磅礴，五指参天，所以每当天气晴朗、万里无云之时，站在雷州半岛的南部海岸遥望，海南岛便隐约可见。

海南岛被称为世界上"少有的几块未被污染的净土"。岛上四季常春，森林覆盖率超过50%。海南是一个色彩斑斓的世界，阳光和海水、沙滩、绿色、空气五大旅游要素俱全，具有得天独厚的热带海岛自然风光和独具特色的民族风情。更多＞＞＞

图 5-9 "海南岛简介"页中的插图

任务 5.6　文字环绕图片 2

本任务介绍在文字环绕图片的网页上如何让浮动的多张图片垂直排列。

任务要求

请在第 4 单元的任务 4.3 所制作的网页上增加两张图片，两张图片垂直排列，文字环绕两张图片的效果，如图 5-10 所示。

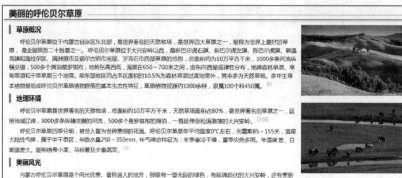

图 5-10　文字环绕图片 2

任务分析

在第一个 section 的前面加入两张图片，两张图片都向右浮动，对第二张图片设置 clear: both 样式即可。

任务实现

步骤 1：搭建网站结构。

将任务 4.3 的文件夹复制一份，重命名为 5-6，将素材图片放入 images 文件夹中。

步骤 2： 打开 index.html，第一个 section 元素之前插入两个 img 元素（带下画线的部分）。

```
<body>
    <div class="container">
        <div class="content">
            <article>
                <header> …
                </header>
                <img src="images/tu1.jpg" alt="" >
                <img src=" images/tu2.jpg" alt="" >
                <section> …
                </section>
                <section> …
                </section>
```

```
                <section> ...
                </section>
            </article>
        </div>
    </div>
</body>
```

步骤 3：浏览网页，观察效果（以下同）。

步骤 4：打开 style.css，为图片设置宽度、外边距和浮动。

```
/*内容区内的图片*/
.content img{
    width: 300px;
    margin: 10px 0 10px 10px;
    float: right;
    clear: both;     /*清除在自己之前浮动的元素对自己的影响*/
}
```

知识解读

浮动的元素之间垂直排列：相邻元素向同一个方向浮动时，两者会在水平方向上挨在一起（除非水平空间不够）。如果想让两者垂直排列，则对第二个浮动的元素设置 clear: both，清除前面浮动的元素对自己的影响。

扩展练习

如果另增加一个 div，用于包围任务中的两个 img，并浮动该 div，而不是浮动 img 也可以实现同样的效果，请动手尝试。要点：两个 img 之间要换行。

任务 5.7　多张图片紧凑排列

本任务介绍如何通过浮动将多张图片紧凑排列。

任务要求

请通过浮动将多张图片（或图片链接）紧凑排列，鼠标悬停在图片上时图片不透明度和尺寸发生变化，如图 5-11 所示。

图 5-11　多张图片紧凑排列

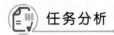 **任务分析**

把每个 img 放在一个 a 元素里，a 全部左浮动，设置 img 的宽高和外边距。图片的尺寸变化用 transform: scale(n,m); 样式实现。

以较高的图片为界，将这些 a 放到左右两个 div 里。

 **任务实现**

步骤 1：搭建网站结构。

文件夹 5-7 下新建 index.html 文件，子文件夹 styles 和 images 里分别放 CSS 文件和图片文件。

步骤 2：打开 index.html，编写 HTML 代码，将 13 个 img 分装在两个 div 里，左边 6 个，右边 7 个，将要以较大尺寸显示的 3 个 img 要设置类名（带下画线的部分）。

```html
<!DOCTYPE html>
<html>
<head>
    <meta charset="UTF-8">
    <title>多张图片紧凑摆放</title>
    <link rel="stylesheet" type="text/css" href="styles/base.css" >
    <link rel="stylesheet" type="text/css" href="styles/main.css" >
</head>
<body>
    <div id="container">
        <div id="content" class="clear-fix">
            <div class="pull-left clear-fix">
                <a href="">
                    <img src="images/s01.jpg" alt="">
                </a>
                <a href="">
                    <img src="images/s02.jpg" alt="">
                </a>
                <a href="">
                    <img src="images/s03.jpg" alt="">
                </a>
                <a href="">
                    <img class="size22" src="images/s04.jpg" alt="">
                </a>
                <a href="">
                    <img src="images/s05.jpg" alt="">
                </a>
                <a href="">
                    <img src="images/s06.jpg" alt="">
                </a>
            </div>
            <div class="pull-right clear-fix">
                <a href="">
                    <img class="size12" src="images/s07.jpg" alt="">
```

```
        </a>
        <a href="">
            <img src="images/s07.jpg" alt="">
        </a>
        <a href="">
            <img src="images/s08.jpg" alt="">
        </a>
        <a href="">
            <img src="images/s10.jpg" alt="">
        </a>
        <a href="">
            <img src="images/s11.jpg" alt="">
        </a>
        <a href="">
            <img src="images/s12.jpg" alt="">
        </a>
        <a href="">
            <img class="size21" src="images/s13.jpg" alt="">
        </a>
    </div>
        </div>
    </div>
</body>
</html>
```

步骤 3：浏览网页，观察效果（以下同）。

步骤 4：打开 main.css，为左右两列设置宽度，将图片（或图片链接）设置为浮动，设置图片的显示尺寸、鼠标悬停效果等。

```
/*左列、右列*/
div.pull-left,div.pull-right{
    width: 585px;
}
/*内容区内的所有链接*/
#content a{
    float: left;
    margin: 2px;
    overflow: hidden;
}
/*链接内的图片*/
#content a img{
    width: 191px;
    height: 191px;
    vertical-align: top;
    transition: all 0.2s linear;
}
/*链接内的图片的鼠标悬停时刻*/
#content a img:hover{
    opacity: 0.8;
    transform:scale(1.1,1.1);
}
```

```
/*较高的那张图片*/
#content a img.size12{
    height: 386px;
}
/*较宽的那张图片*/
#content a img.size21{
    width: 386px;
}
/*较宽较高的那张图片*/
#content a img.size22{
    width: 386px;
    height: 386px;
}
```

知识解读

1. 浮动可能出现的空白区

如果想得到图 5-11 所示的图片显示顺序，必须要把这些图片分装到两个盒子里。如果把全部图片放在一个 div 里依次浮动，那么按照左浮动的元素的特性（如第 3 单元里的图 3-10 和 3-11 所示），较高的图片的后续图片无法浮动到较高的元素的左边，会出现如图 5-12 所示的问题。

图 5-12　单列布局将会出现的问题

2. transform 属性

transform 属性表示对元素进行旋转、缩放、移动或倾斜等变换。transform: scale(n,m) 表示将元素的宽度缩放为原来的 n 倍，高度缩放为原来的 m 倍。

3．清除浮动的第 4 种方法

第 3 单元任务 3.2.2 的"知识解读"中介绍了清除浮动的 3 种简单方法，其中第 3 种方法是在浮动元素与其后续元素之间增加一个 div，并对该 div 设置 clear: both 属性。其实这种方法也可以完全通过 CSS 代码来实现，这便是第 4 种方法。

对浮动的元素的父元素（假设为.clear-fix）设置如下样式：

```
.clear-fix:after{
    content: ".";
    display: block;
    clear: both;
    visibility: hidden;
    font-size: 0;
}
```

用这种方法可以避免为了清除浮动而在 HTML 代码中增加额外的 div。请将 base.css 文件里的.clear-fix 规则替换成以上.clear-fix:after 规则，验证该方法是否有效。

:after 是一种伪类选择器，表示在元素末尾添加元素和设置所添加的元素的样式。

扩展练习

调换图片顺序，可以以单列布局紧凑排列任务中的图片，请动手尝试。

任务 5.8　设置背景图像 1

本任务介绍如何设置背景图像的显示尺寸及滚动与否。

 任务要求

请为本单元任务 5.3 所制作的网页设置背景图像，使得背景图像铺满浏览器，如图 5-13 所示。

图 5-13　网页背景图像

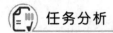 任务分析

铺满浏览器的背景要设置给 body 元素，将图像水平平铺，设置显示宽高（background-size）为 100%，设置附着方式（background-attachment）为不滚动。

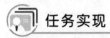 任务实现

步骤 1：搭建网站结构。

将任务 5.3 的文件夹复制一份，重命名为 5-8，将素材图片放入 images 文件夹中。

步骤 2：打开 main.css，去掉#content 的背景色，为 body 元素设置背景图像，背景图像铺满浏览器窗口，不随着内容滚动。

```css
/*整个网页的背景图像*/
body{
    background-image: url(../images/beijing.png);
    background-repeat: repeat-x;
    background-size: 100% 100%;
    background-attachment: fixed;
}
```

步骤 3：设置背景图像铺满浏览器窗口，随着内容滚动。

```css
/*body的父元素*/
html{
    height: 100%;
    background: #fff;
}
/*整个网页的背景图像*/
body{
    min-height: 100%;
    background-image: url(../images/beijing.png);
    background-repeat: repeat-x;
    background-size: 100% 100%;
}
```

知识解读

1. background-size 属性

background-size 表示元素的背景图像的显示尺寸，其可用值如表 5-1 所示。

表 5-1　background-size 属性的可用值

值	描　　述
n px　m px	第一个值为背景图像的显示宽度，第二个值为背景图像的显示高度。如果只设置一个值，则第二个值会被设置为 auto
n%　m%	背景图像的显示宽高分别为元素宽度的 n%和 m%。100% 100%表示背景图像铺满整个元素。背景图像在水平方向平铺时其显示宽度自然等于 100%，在垂直方向平铺时其显示高度自然等于 100%。如果只设置一个值，则第二个值会被设置为 auto
cover	背景图像宽高比不变，覆盖整个元素，背景图像"溢出"的部分会被截掉
contain	背景图像宽高比不变，被缩放到刚好被完整地包含在元素范围内，元素会有留白区域

2．background-attachment 属性

background-attachment 属性表示背景图像是否随着页面的其余部分滚动。默认情况为 background-attachment: scroll（滚动），background-attachment: fixed 表示背景图像不会滚动。

网页内容的总高度没达到浏览器窗口的高度时，只设置 background-size:100% 100%是无法让背景图像铺满浏览器的，需同时设置 background-attachment: fixed。

3．设置根元素 html 的 height 属性的必要性

为了让 body 元素的 min-height:100% 起作用，html 元素的 height 必须要明确设置。因为，任何元素的min-height:100% 或 height:100% 起作用的前提是其各级父元素都要明确设置 height。

4．设置根元素 html 的 background 属性的必要性

为了让 body 的背景图像的尺寸因网页内容的高度而增长，html 元素的 background 必须要明确设置。因为如果没设置 html 的背景属性，则 body 的 background-size:100% 100% 里的第二个 100%不起作用。

5．min-height 属性

min-height 属性表示元素的最小高度，如果元素的实际高度超出了该设置，则以实际高度为准。通常元素的内容较少，撑起的元素高度可能达不到要求时，设置 min-height 属性。

任务中 body 元素的 min-height 为 100%，表示整个网页的高度至少要等于浏览器窗口的高度，这样才能确保网页实际内容不多时背景图像也能铺满浏览器窗口。

任务 5.9　设置背景图像 2

本任务介绍如何用 Sprites 技术，引用整张图片里的一部分当作元素的背景。

 任务要求

请为本单元任务 5.4 所制作的网页上的两个标题和图片下方第三个段落设置图标，如图 5-14 所示。可用图标全部在 beijing3.png 文件里，如图 5-15 所示。

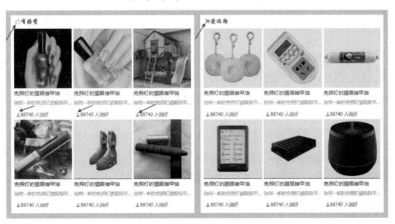

图 5-14　网页背景图像

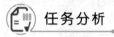

图 5-15　包含所有图标的图像文件

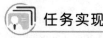 任务分析

　　在两个标题和所有的第三个 p 原有的文字前面增加 span 元素，将这些 span 元素变为行内块并设置宽高，然后给这些 span 元素设置背景图像，引用同一个图像文件 beijing3.png。用 Photoshop 打开 beijing3.png，测量所需图标的水平和垂直位置，并依此设置以上每个 span 元素的背景图像位置（background-position）。

任务实现

　　步骤 1：搭建网站结构。

　　将任务 5.4 的文件夹复制一份，重命名为 5-9，将素材图片放入 images 文件夹中。

　　步骤 2：打开 index.html，找到需要增加图标的元素，即左右两列里的标题和所有 a 元素内的第三个 p 元素，在原文本的前面增加一个 span 元素（带下画线部分）：

```html
<body>
    <div id="container">
        <div id="content" class="clear-fix">
            <div class="pull-left left">
                <h3><span> </span>有好货</h3>
                <div class="clear-fix">
                    <a href="" class="pull-left baobei">
                        <div class="div-img">
                            <img src="images/a.jpg" alt="">
                        </div>
                        <div class="div-text">
                            <p>免照灯的猫眼指甲油</p>
                            <p>独树一帜的免照灯猫眼指甲油</p>
                            <p><span> </span>88740 人说好</p>
                        </div>
                    </a>
                    ...
```

　　步骤 3：打开 main.css，为新增的 span 元素设置宽高和背景图像。

```css
/*左列标题里的span、右列标题里的span和宝贝链接里的第3个p里的span*/
.left h3 span,.right h3 span,.div-text p:nth-child(3) span{
    display: inline-block;
    width: 20px;
    vertical-align: top;
    background-image: url(../images/beijing3.png);
    background-repeat: no-repeat;
}
/*左列标题里的span*/
.left h3 span{
    background-position: -165px -48px;
```

```
}
/*右列标题里的 span*/
.right h3 span{
    background-position: -1075px -48px;
}
/*宝贝链接里的第 3 个 p 里的 span*/
.div-text p:nth-child(3) span{
    background-position: -595px -40px;
}
```

知识解读

CSS Sprites：在国内很多人称 CSS Sprites 为 CSS 精灵，它是一种网页背景图片处理方式，可把网页中所有背景图标整合到一张图片文件（有人称为雪碧图）中，再利用 CSS 的 background-image、background-repeat、background-position 的组合进行背景定位，background-position 可以用数字精确地定位出背景图标的位置。

CSS Sprites 最大的优点是能很好地减少网页的 http 请求，从而大大提高页面的性能。

从整张图片中引用一个图标作为背景图像的实现方法是：先在需要显示背景图像的位置放一个 span 元素，设置其宽高，通过 background-image 引用整张图片后，通过 background-position 将背景图标精确定位在这个宽高范围内。

单 元 小 结

在本单元中，学习了在已有的网页上增加插图和背景图像的方法，以及左图右文、上图下文、文字环绕图片等典型图文结构的展现方法，这些图文并茂的内容的美化主要依靠 img 元素的 width、height、vertical-align、border-radius、opacity、float 等 CSS 属性及元素的 background-position、background-size、background-attachment 等背景相关 CSS 属性的综合运用，本单元中还学习了一种常用的网页背景图片处理方式——CSS Sprites。

习 题

1. 请说出 figure 与 div 的异同。
2. figure 元素内可以用什么元素表示图片的标题？
3. img 元素的必需属性是哪个？
4. img 元素的 alt 属性表示什么？
5. title 属性是任何 HTML 元素都可以设置的全局属性，它表示什么？
6. img 元素的 width 和 height 这两个 CSS 属性是图片本身的尺寸还是显示尺寸？
7. 行内元素和行内块元素的 CSS 属性 vertical-align（即垂直对齐方式）的默认值是什么？
8. base-line（基线对齐)是什么意思？
9. 行的基线指的是什么位置？
10. 默认情况下 img 图片的底部会有一道空白是什么原因？

11. 如何消除 img 图片底部的一道空白？

12. 左图右文结构通常用什么方法实现左右列？

13. 限制段落的行数可以用什么方法？

14. 元素的圆角用什么 CSS 属性设置？

15. opacity CSS 属性表示什么？

16. 文字环绕图片效果怎么实现？

17. 两个左浮动的元素如何垂直排列？

18. transform: scale(1.5,1.5)表示什么含义？

19. 通过对浮动的元素的父元素（假设为.clear-fix）设置如下样式来实现清除浮动，相当于在.clearfix 的末尾增加了相关元素：

```
.clear-fix:after{
    content: ".";
    display: block;
    clear: both;
    visibility: hidden;
    font-size: 0;
}
```

20. background-size 属性表示什么？

21. background-size: cover 表示什么？

22. background-size: contain 表示什么？

23. background-attachment 属性表示什么？

24. CSS Sprites 指什么？

25. CSS Sprites 的最大优点是什么？

第 6 单元　网页主体内容的构建 3——表格的制作

表格元素很少再用于网页布局，主要用于以表格的形式展示数据。

通过本单元的学习，应该达到以下目标：

- 学会网页表格内容的制作方法。
- 掌握 table、tr、td、th、caption、thead、tbody、tfoot 等 HTML 元素的用法。
- 掌握元素的 colspan、rowspan 属性和 border-collapse CSS 属性的用法。
- 掌握块级表格、行级表格等概念。

任务 6.1　典型的表格

本任务介绍最典型的表格的写法。

 任务要求

请在第 4 单元的任务 4.1 所制作的网页上增加一个表格，如图 6-1 所示。

🌐 海南岛

海南岛是中国南方的**热带岛屿**，面积3.39万平方千米，人口925万，岛上热带雨林茂密，海水清澈蔚蓝，一年中分旱季和雨季两个季节。

海南省陆地主体，平面呈雪梨状椭圆形，长轴为东北—西南走向，长240千米，宽210千米，面积约3.39万平方千米，为国内仅次于台湾岛的第二大岛。

海南岛四周低平，中间高耸，呈穹隆山地形，以五指山、鹦哥岭为隆起核心，向外围逐级下降，由山地、丘陵、台地、平原构成环形层状地貌，梯级结构明显。

海南岛北隔琼州海峡，与雷州半岛相望。琼州海峡宽约30千米，是海南岛和大陆间的海上"走廊"，也是北部湾和南海之间的海运通道。由于邻近大陆，加之岛内山势磅礴，五指参天，所以每当天气晴朗、万里无云之时，站在雷州半岛的南部海岸遥望，海南岛便隐约可见。

海南岛被称为世界上"少有的几块未被污染的净土"。岛上四季常春，森林覆盖率超过50%。海南是一个色彩斑斓的世界，阳光、海水、沙滩、绿色、空气五大旅游要素俱全，具有得天独厚的热带海岛自然风光和独具特色的民族风情。更多>>>

月份	1～2月	3～4月	5月	6～9月	10月	11～12月
2017年人数（万）	1500	450	550	450	650	900
2018年人数（万）	1600	470	560	470	670	920
平均人数（万）	1600	470	560	470	670	920

近2年游客流量平均数据

图 6-1　最典型的表格

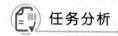 **任务分析**

在 article 的下面增加一个 div，div 里写 table，table 包含 caption、thead、tfoot 等子元素，表格的标题放在 caption 里，表头那一行放在 thead 里，表尾那一行放在 tfoot 里。

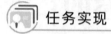 **任务实现**

步骤 1：搭建网站结构。

将任务 4.1 的文件夹复制一份，并重命名为 6-1。

步骤 2：打开 index.html，在 article 元素的下面增加如下 HTML 代码。

```html
<div class="content">
    <article> …
    </article>
    <div>
        <table>
            <caption>近 2 年游客流量平均数据</caption>
            <thead>
                <tr>
                    <th>月份</th>
                    <th>1～2 月</th>
                    <th>3～4 月</th>
                    <th>5 月</th>
                    <th>6～9 月</th>
                    <th>10 月</th>
                    <th>11～12 月</th>
                </tr>
            </thead>
            <tbody>
                <tr>
                    <td>2017 年人数（万）</td>
                    <td>1500</td>
                    <td>450</td>
                    <td>550</td>
                    <td>450</td>
                    <td>650</td>
                    <td>900</td>
                </tr>
                <tr>
                    <td>2018 年人数（万）</td>
                    <td>1600</td>
                    <td>470</td>
                    <td>560</td>
                    <td>470</td>
                    <td>670</td>
                    <td>920</td>
                </tr>
            </tbody>
```

```
            <tfoot>
                <tr>
                    <td>平均人数（万）</td>
                    <td>1600</td>
                    <td>470</td>
                    <td>560</td>
                    <td>470</td>
                    <td>670</td>
                    <td>920</td>
                </tr>
            </tfoot>
        </table>
    </div>
</div>
```

步骤 3：此时浏览网页，可看到表格没有边框线。

步骤 4：在 style.css 的末尾增加关于表格的 CSS 代码。

```css
/*表格*/
.content table{
    margin: 15px auto;
    border-collapse: collapse;
    width: 600px;
}
/*所有单元格*/
.content td,.content th{
    border: 1px solid #000;
}
/*表头*/
.content thead{
    color: #00f;
}
/*表体*/
.content tbody{
    color: #000;
    text-align: center;
}
/*表尾*/
.content tfoot{
    color: #f00;
    text-align: center;
}
```

知识解读

1. table 元素（<table></table>）

table 元素表示一个表格，table 元素的 CSS 属性 display 的默认值为 table（块级表格），有独占一行的特性，如果需要可以改为 inline-table（行级表格），不独占一行。

2．caption 元素（＜caption＞＜/caption＞）

caption 元素表示表格的标题，这个标题会被居中于表格之上；caption 元素是可选元素，如果不需要可以不使用。

3．thead、tbody、tfoot 元素（＜thead＞＜/thead＞＜tbody＞＜/tbody＞＜tfoot＞＜/tfoot＞）

thead 元素表示表头，tbody 元素表示表格的主体，tfoot 元素表示表格的底部。必须在 table 元素内才可以使用该标签，它们的主要作用在于对表行进行分组，可以针对它们设置不同的样式，如果不需要可以不使用这 3 个元素。而且这 3 个元素要么都使用，要么都不使用。

4．tr 元素（＜tr＞＜/tr＞）

tr 元素表示一个表行，这是 table 元素内必需的元素。

5．td 元素（＜td＞＜/td＞）

td 元素表示一个单元格，这是 table 元素内必需的元素，tr 元素内才可以使用该标签。td 元素内的文本默认情况下是左对齐的普通文本。

6．th 元素（＜th＞＜/th＞）

th 元素表示一个表头单元格，它是可选元素，tr 元素内的单元格可以使用该标签。th 元素内的文本默认情况下会呈现为居中的粗体文本。

7．border-collapse 属性

border-collapse 属性表示表格的边框、单元格的边框是否被合并为一个单一的边框。默认值是 separate，边框会被分开，如图 6-2 所示。

近2年游客流量平均数据					
月份	1~2月	3~4月	5月	6~9月	10月	11~12月
2017年人数（万）	1500	450	550	450	650	900
2018年人数（万）	1600	470	560	470	670	920
平均人数（万）	1600	470	560	470	670	920

图 6-2　边框不合并的表格

扩展练习

请动手尝试，在任务中的表格改进为如图 6-3 所示的样子，即标题加粗，表头和第一列加背景色。

近2年游客流量平均数据					
月份	1~2月	3~4月	5月	6~9月	10月	11~12月
2017年人数（万）	1500	450	550	450	650	900
2018年人数（万）	1600	470	560	470	670	920
平均人数（万）	1600	470	560	470	670	920

图 6-3　改进后的表格

任务 6.2　单元格合并

本任务介绍表格单元格的合并方法。

微　课 ●·····

表格的合并和
换色

 任务要求

将任务 6.1 中的表格改成如图 6-4 所示的表格。

近2年游客流量平均数据						
季节	热季			冷季		
月份	5月	6~9月	10月	11~12月	1~2月	3~4月
2017年人数（万）	550	450	650	900	1500	450
2018年人数（万）	560	470	670	920	1600	470
平均人数（万）	560	470	670	920	1600	470
	1700			2990		

图 6-4　单元格合并

 任务分析

thead、tbody、tfoot 各包含两个 tr，每个 tr 包含 7 个单元格（td 或 th），然后再合并单元格。"热季"单元格和"1700"单元格，相当于该行第 2、3、4 单元格的合并，"冷季"单元格和"2900"单元格，相当于该行第 5、6、7 单元格的合并。"平均人数（万）"单元格相当于第 5 个 tr 和第 6 个 tr 的第一个单元格的合并。

任务实现

步骤 1：搭建网站结构。

将任务 6-1 的文件夹复制一份，并重命名为 6-2。

步骤 2：打开 index.html，在 thead 和 tfoot 里增加如下 HTML 代码（带下画线的部分）。

```
<table>
    <caption>近 2 年游客流量平均数据</caption>
    <thead>
        <tr>
            <th>季节</th>
            <th colspan="3">热季</th>
            <th colspan="3">冷季</th>
        </tr>
        <tr> …
        </tr>
    </thead>
    <tbody> …
    </tbody>
    <tfoot>
        <tr>
            <td rowspan="2">平均人数（万）</td>
            <td>560</td>
```

```
            <td>470</td>
            <td>670</td>
            <td>920</td>
            <td>1600</td>
            <td>470</td>
        </tr>
        <tr>
            <td colspan="3">1700</td>
            <td colspan="3">2990</td>
        </tr>
    </tfoot>
</table>
```

知识解读

1．td 元素的 colspan 属性

colspan 属性表示该单元格横跨的列数，即把原来的几个水平单元格进行了合并。例如，<td colspan="3">表示该 td 横跨 3 个列（它吞并了其后的 2 个 td），被吞并的 2 个 td 要删除。

2．td 元素的 rowspan 属性

rowspan 属性表示该单元格横跨的行数，即把原来的几个垂直单元格进行了合并。例如，<td rowspan="3">表示该 td 横跨 3 个行（它吞并了其后面的 2 个行里相应的 td），被吞并的 2 个 td 要删除。

扩展练习

请动手尝试，在网页上显示如图 6-5 所示的表格，即有合并的单元格、加粗的边框线和背景色的表格。

星期一菜谱		
素菜	清炒茄子	花椒扁豆
	小葱豆腐	炒白菜
荤菜	鱼香肉丝	油焖大虾
	海参鲍鱼	龙肝风胆

图 6-5　合并的单元格、加粗的边框线和背景色

任务 6.3　隔行换色表格

本任务介绍隔行换色的表格的写法。

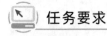 **任务要求**

将任务 6.1 中的表格改成如图 6-6 所示的表格。

近6年游客流量平均数据

月份	1~2月	3~4月	5月	6~9月	10月	11~12月
2013年人数（万）	1000	400	500	400	600	600
2014年人数（万）	1100	410	510	410	610	700
2015年人数（万）	1200	420	520	420	620	800
2016年人数（万）	1300	430	530	430	630	850
2017年人数（万）	1500	450	550	450	650	900
2018年人数（万）	1600	470	560	470	670	920
平均人数（万）	1283	430	528	430	630	795

图 6-6　隔行换色的表格

 任务分析

用伪类选择器表示 tbody 里的 tr 的奇数行和偶数行，分别进行背景色设置即可。

 任务实现

步骤 1：搭建网站结构。

将任务 6.1 的文件夹复制一份，并重命名为 6-3。

步骤 2：打开 index.html，在 tbody 里再增加 4 个 tr（代码略）。

步骤 3：打开 style.css，增加如下 CSS 代码。

```
/*偶数行*/
.content tbody tr:nth-of-type(even){
    background: #abcdef;
}
/*奇数行*/
.content tbody tr:nth-of-type(odd){
    background: #987654;
}
```

知识解读

:nth-of-type() 伪类选择器：

:nth-of-type(n) 选择器表示属于父元素的第 n 个特定子元素的那些元素。

n 可以是数字、关键字或公式，如关键字 odd 表示第奇数个子元素，关键字 even 表示第偶数个子元素，公式 3n+0 表示序号为 3 的倍数的子元素。

注意：nth-of-type() 选择器和任务 4.6.2 的知识解读中介绍的 :nth-child() 选择器的区别，:nth-child(n) 表示属于其父元素的第 n 个子元素的那些元素，不是第 n 个特定元素。

例如，p:nth-child(2)表示属于其父元素的第二个子元素的那些 p 元素，p:nth-of-type(2) 表示属于其父元素的第二个 p 元素的那些元素。

扩展练习

请动手尝试，在网页上显示如图 6-7 所示的表格。提示：不是所有单元格都有边框线，只有行和第一列有边框线，不使用 caption，使用 h3 和 hr 表示标题。

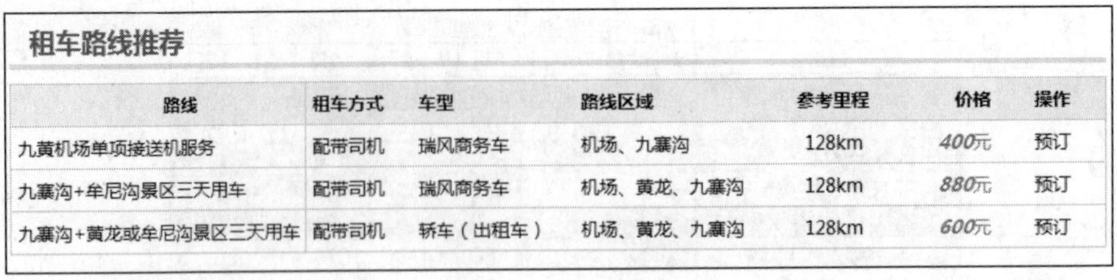

租车路线推荐						
路线	租车方式	车型	路线区域	参考里程	价格	操作
九黄机场单项接送机服务	配带司机	瑞风商务车	机场、九寨沟	128km	400元	预订
九寨沟+牟尼沟景区三天用车	配带司机	瑞风商务车	机场、黄龙、九寨沟	128km	880元	预订
九寨沟+黄龙或牟尼沟景区三天用车	配带司机	轿车（出租车）	机场、黄龙、九寨沟	128km	600元	预订

图 6-7 行边框线

单 元 小 结

在本单元中，学习了在网页上显示各种表格内容，需要熟练掌握边框的设置、单元格合并等基本知识。在现在的网页制作中，表格元素只会用于显示本身是表格的内容上，不再用于网页布局，所以使用的频率并不高。

习 题

1. table 元素的 CSS 属性 display 的默认值是什么？
2. table 元素内可以使用但不是必需的元素有哪些？
3. table、tr、td 三个元素的嵌套关系必须是什么样的？
4. 表格在默认情况下有无边框？
5. 表格的边框在默认情况下是分离的还是合并的？
6. tr 的边框线什么情况下才有效？
7. 如果一个 td 元素设置了 colspan="4"，那么其后的 td 要删掉几个？
8. 如果一个 td 元素设置了 rowspan="4"，那么哪里的 td 要删掉 3 个？
9. td:first-child 用 :nth-of-type()怎么表示？

第7单元 网页主体内容的构建4——表单的制作

表单是网页和浏览者之间的数据交互接口，没有表单的网页只能浏览，无法上传任何数据。

通过本单元的学习，应该达到以下目标：

- 学会网页表单内容的制作方法。
- 掌握 form、input、select、fieldset 等 HTML 元素的用法。
- 掌握 box-sizing、position、left、top 等 CSS 属性的用法。
- 掌握 HTML 表单、定位、堆叠顺序概念。

任务 7.1 制作网页一角的表单

本任务介绍网页一角的表单的实现方法。

 **任务要求**

请在网页主体内容区的左上角位置显示一个酒店预订表单，表单右边的空白区任意显示一张广告图片，如图 7-1 所示。

图 7-1 常见的表单

任务分析

在主体内容区的 div 里写两个 div 表示左右浮动的两个盒子，左盒子里包含一个 h3 和一个表单（form），右盒子里包含一个 img。h3 的实现方法跟第 4 单元的任务 4.4 里的大致相同。

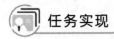

form 里的表单控件用 ul 组织。

任务实现

步骤 1：搭建网站结构。

文件夹 7-1 下新建 index.html 文件，子文件夹 styles 里放 CSS 文件。

步骤 2：打开 index.html，写 HTML 代码，搭建网页结构，表单的一行对应一个 li。

```html
<!DOCTYPE html>
<html lang="en">
<head>
    <meta charset="UTF-8">
    <title>网页一角的表单</title>
    <link rel="stylesheet" type="text/css" href="styles/base.css">
    <link rel="stylesheet" type="text/css" href="styles/main.css">
</head>
<body>
    <div id="container">
        <div id="content" class="clear-fix">
            <div class="yuding pull-left"">
                <header><h3>酒店预订</h3></header>
                <form action="">
                    <ul>
                        <li></li>
                        <li></li>
                        <li></li>
                        <li></li>
                        <li></li>
                        <li></li>
                    </ul>
                </form>
            </div>
            <div class="guanggao pull-right">
                <a href=""><img src="images/guanggao.jpg" alt=""></a>
            </div>
        </div>
    </div>
</body>
</html>
```

步骤 3：写 li 内的内容。

```html
<li>
    <label for="mudidi">  目的地: </label>
    <select name="" id="mudidi">
        <option value="">选择入住地区</option>
        <option value="成都">成都</option>
        <option value="都江堰市">都江堰市</option>
        <option value="九寨沟县">九寨沟县</option>
        <option value="金川县">金川县</option>
        <option value="黑水县">黑水县</option>
```

```
            <option value="马尔康县">马尔康县</option>
        </select>
    </li>
    <li>
        <label for="guanjianzi">  关键字: </label>
        <input type="text" name="" placeholder="酒店名称模糊查询" id="guanjianzi">
    </li>
    <li>
        <label for="ruzh">入住日期: </label>
        <input type="date" name="" id="ruzhu" >
    </li>
    <li>
        <label for="tuifang">退房日期: </label>
        <input type="date" name="" id="tuifang" >
    </li>
    <li>
        <label for="xingji">酒店星级: </label>
        <select name="" id="xingji">
            <option value="不限">不限</option>
            <option value="三星">三星</option>
            <option value="四星">四星</option>
            <option value="五星">五星</option>
            <option value="未评">未评</option>
        </select>
    </li>
    <li>
        <input type="submit" value="搜索" class="btn">
    </li>
```

步骤 4：浏览网页，观察效果（以下同）。

步骤 5：打开 base.css，将 ul 的样式改为如下：

```
/*所有的ul*/
ul{
    list-style-type: none;
}
```

步骤 6：打开 main.css，写 CSS 代码，设置左右两列的宽度、背景和左列头部、标题的样式。

```
/*左列*/
.yuding{
    width: 320px;
    background-color: #F5F5F5;
}
/*右列*/
.guanggao{
    width: 850px;
}
/*左列头部*/
.yuding header{
    line-height:35px;
```

```
            border-bottom:1px solid #eee;
        }
        /*左列头部里的标题*/
        .yuding  header h3{
            display:inline-block;
            padding:0 10px ;
            border-bottom:4px solid #19A1DB;
            background-color:#ddd;
        }
```

步骤 7：设置左列里 ul 和表单域的样式。

```
        /*左列里的 ul*/
        .yuding ul{
            padding:10px 30px;
            line-height:40px;
        }
        /*左列 li 里的表单控件*/
        .yuding li input,.yuding li select{
            width:150px;
            height:30px;
            box-sizing:border-box;
            border-radius:3px;
            border:1px solid #999;    /*原有边框在圆角时出现内阴影*/
            font-size:16px;
            padding-left:5px;
        }
        /*左列表单控件里的按钮*/
        .yuding li input.btn{
            width:80px;
            background-color:#F79040;
            margin-left:85px;
            opacity:0.8;
        }
        /*按钮的鼠标悬停样式*/
        .yuding li input.btn:hover{
            opacity:1;
        }
```

步骤 8：设置右列里图片的样式。

```
        /*右列里的图片*/
        .guanggao img{
            width: 100%;
            height: 300px;
            vertical-align: top;
        }
```

知识解读

1．HTML 表单

HTML 表单用于采集用户输入的信息，并提交给 Web 服务器，它是实现人机交互功能所必需的网页组成部分。注册页面、登录页面、信息搜索区、购物提交页面等都是以表单为主的页面。

2．form 元素（<form></form>）

form 元素表示一个 HTML 表单，即收集用户信息的一个容器，用于包围一组表单控件（文本框、密码框、下拉列表框、复选框、单选按钮、按钮等）。它是块级元素。

3．form 元素的 action 属性

action 属性表示该 form 元素内的提交按钮被单击以后，将跳转到哪个页面。

4．label 元素（<label></label>）

label 元素表示与文本框、密码框、下拉列表框等表单控件相关联的文本提示。它是行内元素。

5．label 元素的 for 属性

for 属性表示该 label 元素与哪个元素相关联，应该将相关联的元素的 id 属性的值设置给该 for 属性。关联成功后，在 label 元素内单击，其相关联的元素会自动获得焦点。

6．HTML 实体

第 4 单元的表 4-2 中介绍了空格的 HTML 实体表示形式是 ，除此之外， 和 也表示空格，下面介绍这 3 种空格的区别：

① 空格占据宽度受字体影响，在不同的浏览器内占据的宽度不同。

② 空格占据的宽度正好是 1/2 个汉字宽度，基本上不受字体影响。

③ 空格占据的宽度正好是 1 个中文宽度，基本上不受字体影响。

7．select 元素（<select></select>）

select 元素表示一个下拉列表框，是一种表单控件。它是行内块元素。

8．option 元素（<option></option>）

option 元素只能用在 select 元素之内，表示下拉列表框的一个列表项。

9．option 元素的 value 属性

value 属性表示选定该 option 元素时提交给服务器的值，通常该值与<option>和</option>之间的文本一致，但也允许不一样。

10．input 元素（<input>）

input 元素表示某一个表单控件，type 属性是其必须设置的属性，不同的 type 属性值，表示不同的表单控件，如表 7-1 所示。input 元素是行内块元素。

表 7-1　input 元素的常用 type 属性值

属 性 值	描 述
text	单行的输入框，用户可在其中输入文本。默认宽度为 20 个字符
password	密码框，该控件中输入的字符会被"*"号掩盖
submit	提交按钮，把表单数据发送到服务器
reset	重置按钮，清除表单中的所有数据

续表

属 性 值	描 述
checkbox	复选框
radio	单选按钮
search	搜索框
file	上传文件的控件（输入框+"浏览"按钮）
email	邮箱框
hidden	隐藏的字段
number	数字框（带有 spinner 控件）
range	滑动条（带有 slider 控件）
button	普通按钮（通常要把"单击"动作关联到 JavaScript 代码）
date	日期框（带有 calendar 控件）
time	时间框（带有 time 控件）

11. 表单控件的 name 属性

name 属性表示表单控件里的数据被提交后被保存到哪个服务器变量中。

12. 输入框的 placeholder 属性

单行文本框、密码框、搜索框、邮箱框等输入框都可以设置 placeholder 属性，它表示输入框为空时显示的提示文本，该提示会在输入框获得焦点时消失。

13. box-sizing 属性

box-sizing 属性表示元素的 CSS 属性 width 和 height 是盒模型中哪个框的宽高。绝大部分元素 box-sizing 属性的默认值为 content-box（内容盒），即通常设置的 width 和 height 是元素内容盒的宽高。

可取的值还有 border-box，表示 width 和 height 将是元素边框盒的宽高。

有的表单控件（如下拉列表框、按钮）的 box-sizing 属性的默认值不是 content-box，是 border-box，所以设置表单控件的宽高时需要把 box-sizing 属性进行统一设置，否则难以实现一致的效果。

扩展练习

请动手尝试，将任务中的"搜索"按钮的尺寸设置成与其父元素 li 一样长。

任务 7.2　制作网页任意位置的表单

本任务介绍绝对定位的表单的写法。

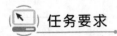 **任务要求**

请在网页主体内容区的任意位置（如靠右靠上的位置）显示一个注册表单，如图 7-2 所示。

微　课 ●

制作网页任意
位置的表单

图 7-2　注册表单

任务分析

在主体内容区里写一个 div 表示表单盒子，基于主体内容区将表单盒子进行绝对定位。盒子内写 fieldset 元素表示"用户注册"分组框，分组框内写 form。设置主体内容区的最小高度和背景图像，设置表单盒子的背景色。

任务实现

步骤 1： 搭建网站结构。

文件夹 7-2 下新建 index.html 文件，子文件夹 styles 和 images 里分别放 CSS 文件和图片文件。

步骤 2： 打开 index.html，写 HTML 代码，搭建网页结构，表单的一行对应一个 div。

```
<!DOCTYPE html>
<html lang="en">
<head>
    <meta charset="UTF-8">
    <title>网页任意位置的表单</title>
    <link rel="stylesheet" type="text/css" href="styles/base.css">
    <link rel="stylesheet" type="text/css" href="styles/main.css">
</head>
<body>
    <div id="container">
        <div id="content">
            <div id="form">
                <fieldset>
                    <legend>用户注册</legend>
                    <form action="">
                        <div class="row"></div>
                        <div class="row"></div>
                        <div class="row"></div>
                        <div class="row"></div>
```

```
                    <div class="row"></div>
                    <div class="row"></div>
                    <div class="row"></div>
                    <div class="row"></div>
                </form>
            </fieldset>
        </div>
    </div>
</div>
</body>
</html>
```

步骤 3：写<div class="row"></div>内的内容（带下画线的部分）。

```
<form action="">
    <div class="row">
        <input type="radio" name="reg" checked class="rdo1"><span>&
nbsp;手机号注册</span>
        <input type="radio" name="reg" class="rdo2" ><span> 邮箱
注册</span>
    </div>
    <div class="row">
        <input type="text" name="" placeholder="用户名" class="txt1">
    </div>
    <div class="row">
        <input type="text" name="" placeholder="手机号" class="txt1">
    </div>
    <div class="row">
        <input type="text" name="" placeholder="验证码" class="txt2">
        <input type="button" value="获取验证码" class="btn1">
    </div>
    <div class="row">
        <input type="password" name="" placeholder="密码" class="txt1">
    </div>
    <div class="row">
        <input type="password" name="" placeholder="再次输入密码" class=
"txt1">
    </div>
    <div class="row">
        <input type="checkbox" name=""  checked class="chk" >
        <span> 我已阅读阿坝旅游网<a href="">用户注册协议</a></span>
    </div>
    <div class="row">
        <input type="submit" value="注册" class="btn2">
    </div>
</form>
```

步骤 4：浏览网页，观察效果（以下同）。

步骤 5：打开 main.css，写 CSS 代码，设置内容区的最小高度、背景和表单盒子的样式。

```
/*内容区*/
#content{
```

```
      min-height: 600px;
      background: url(../images/beijing.jpg) no-repeat fixed;
      background-size: 100% 100%;
      position: relative;
}
/*表单盒子*/
#form{
      position: absolute;
      right: 50px;
      top: 50px;
      padding: 20px;
      background: #fff;
      border-radius: 5px;
}
```

步骤 6：设置分组框及其标题、每行盒子的样式。

```
/*表单盒子里的分组框*/
#form fieldset{
      padding: 10px 20px;
}
/*分组框的标题*/
#form legend{
      padding: 0 10px ;
}
/*每行盒子*/
#form .row{
      line-height: 60px;
}
```

步骤 7：设置每个表单控件的样式。

```
/*所有表单控件*/
#form input{
      box-sizing: border-box;
      border-radius: 3px;
      border: 1px solid #999;
      font-size: 16px;
      padding: 5px;
}
/*单选按钮和复选框*/
#form input.rdo1,#form input.rdo2,#form input.chk{
      width: 20px;
      height: 20px;
      vertical-align: middle;
}
/*第二个单选按钮*/
#form input.rdo2{
      margin-left: 50px;
}
/*单选按钮和复选框旁边的文本*/
#form span{
      vertical-align: middle;
```

```
        font-size: 16px;
    }
    /*较长的输入框*/
    #form input.txt1{
        width: 350px;
        height: 40px;
    }
    /*较短的输入框*/
    #form input.txt2{
        width: 250px;
        height: 40px;
    }

    /*第一个按钮*/
    #form input.btn1{
        width: 95px;
        margin-left: 5px;
        height: 40px;
        background-color:#F79040;
        opacity: 0.8;
    }
    /*每行盒子*/
    #form .row{
        font-size: 0;    /*为了消除第一个按钮左边的空格*/
    }
    /*第二个按钮*/
    #form input.btn2{
        width: 75%;
        height: 40px;
        display: block;
        margin: 0 auto;
        background-color:#F79040;
        opacity: 0.8;
    }
    /*按钮的鼠标悬停样式*/
    #form input.btn1:hover,#form input.btn2:hover{
        opacity: 1;
    }
```

知识解读

1. background 和 background-size 属性

background 属性可囊括除 background-size 之外的其他所有背景属性，background-size 属性必须单独设置。

2. position 属性

position 属性表示元素的定位类型，可能的值如表 7-2 所示。

表 7-2 CSS 属性 position 可能的值

值	描 述
static	静态定位（这是 position 的默认值），元素按书写的顺序依次出现在标准的文档流中。此时 top、bottom、left、right 等属性的设置无效
absolute	绝对定位，元素脱离标准的文档流，基于离它最近的非静态父元素进行定位，如果其各级父元素均为静态定位，则相对于浏览器窗口进行定位。 配合使用 top、bottom、left、right 等属性来设置具体位置
relative	相对定位，元素相对于其原来的静态位置进行偏移。元素不脱离标准的文档流，原位置仍占据标准文档流的空间。 配合使用 top、bottom、left、right 等属性来设置偏移量。 相对定位更常见的一种用法是：如果元素 a 要基于其父元素 b 绝对定位，那么为了让元素 b 变成元素 a 的"非静态父元素"，通常将元素 b 设置成相对定位。此时，不设置 top、bottom、left、right 等属性，即元素 b 并不进行偏移
fixed	固定定位，元素脱离标准的文档流，基于浏览器窗口进行定位。配合使用 top、bottom、left、right 等属性来设置具体位置

本任务中将#content 进行相对定位是为了让其成为#form 的"非静态父元素"，即让#form 基于#content 进行绝对定位。

3. top、bottom、left、right 属性

这些属性只在元素被非静态定位的情况下才有效。

元素被相对定位（position: relative）时，其 top、bottom、left、right 属性的含义如表 7-3 所示。元素被相对定位之前和之后的效果及 left、top 属性的含义如图 7-3 ~ 图 7-5 所示。

元素被绝对定位（position: absolute）时，其 top、bottom、left、right 属性的含义如表 7-4 所示。

元素被固定定位（position: fixed）时，其 top、bottom、left、right 属性的含义如表 7-5 所示。

表 7-3 相对定位时 top、bottom、left、right 属性的含义

属 性	top 属性的含义
top	元素的顶边相对于其原来的顶边位置偏移多少，正数为向下偏移，负数为向上偏移
bottom	元素的底边相对于其原来的底边位置偏移多少，正数为向上偏移，负数为向下偏移
left	元素的左边相对于其原来的左边位置偏移多少，正数为向右偏移，负数为向左偏移
right	元素的右边相对于其原来的右边位置偏移多少，正数为向左偏移，负数为向右偏移

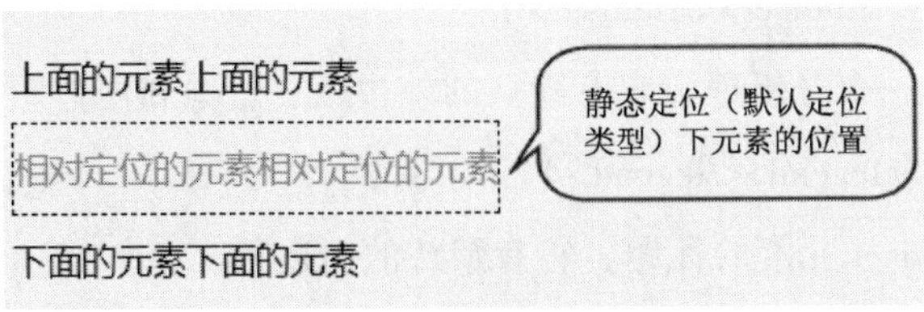

上面的元素上面的元素

相对定位的元素相对定位的元素

下面的元素下面的元素

静态定位（默认定位类型）下元素的位置

图 7-3 元素被相对定位之前

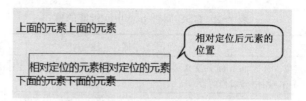

图 7-4 元素被相对定位之后

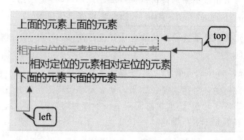

图 7-5 left、top 属性的含义

表 7-4 绝对定位时 top、bottom、left、right 属性的含义

属 性	top 属性的含义
top	元素的顶边相对于离它最近的非静态父元素（不存在则相对于浏览器窗口）的顶边偏移多少，正数为向下偏移，负数为向上偏移
bottom	元素的底边相对于离它最近的非静态父元素（不存在则相对于浏览器窗口）的底边偏移多少，正数为向上偏移，负数为向下偏移
left	元素的左边相对于离它最近的非静态父元素（不存在则相对于浏览器窗口）的左边偏移多少，正数为向右偏移，负数为向左偏移
right	元素的右边相对于离它最近的非静态父元素（不存在则相对于浏览器窗口）的右边偏移多少，正数为向左偏移，负数为向右偏移

表 7-5 固定定位时 top、bottom、left、right 属性的含义

属 性	top 属性的含义
top	元素的顶边相对于浏览器窗口的顶边偏移多少，正数为向下偏移，负数为向上偏移
bottom	元素的底边相对浏览器窗口的底边偏移多少，正数为向上偏移，负数为向下偏移
left	元素的左边相对于浏览器窗口的左边偏移多少，正数为向右偏移，负数为向左偏移
right	元素的右边相对于浏览器窗口的右边偏移多少，正数为向左偏移，负数为向右偏移

4. fieldset 元素（<fieldset></fieldset>）

fieldset 元素表示一个分组框，它有默认的外边距、边框和内边距。

5. legend 元素（<legend></legend>）

legend 元素为 fieldset 元素的标题，它有默认的内边距。

扩展练习

请动手尝试，将任务中表单盒子定位到内容区的靠左位置。

任务 7.3　制作遮罩层上的表单

本任务介绍类似于百度的登录框的表单的实现方法。

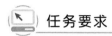 任务要求

请在网页主体内容区的头部显示一个"登录"链接，单击该链接后，网页上出现一个遮罩层，遮罩层里有一个表单盒子，单击表单盒子头部的叉，遮罩层消失，如图 7-6 所示。

图 7-6　遮罩层上的表单

 任务分析

在主体内容区的 div 里写一个 header，里边放"登录"链接。将 header 在主体内容区的顶部进行绝对定位。在大盒子（<div id="container">）的外面（前面或后面均可）写一个 div 表示遮罩层，遮罩层内写一个 div 表示表单盒子，表单盒子内包含一个 header（包含一个"×"链接）和一个 form。

将遮罩层进行固定定位，设置 100% 的宽高和背景色，将表单盒子基于遮罩层绝对定位。将遮罩层设置为 display: none; 进行隐藏。

针对"登录"链接和"×"链接编写简单的 JavaScript 代码，实现遮罩层的显示和隐藏操作。

任务实现

步骤 1：搭建网站结构。

在文件夹 7-3 下新建 index.html 文件，子文件夹 styles 和 images 里分别放 CSS 文件和图片文件。

步骤 2：打开 index.html，写 HTML 代码，搭建网页结构。

```
<!DOCTYPE html>
<html lang="en">
<head>
```

```
    <meta charset="UTF-8">
    <title>遮罩层上的表单</title>
    <link rel="stylesheet" type="text/css" href="styles/base.css">
    <link rel="stylesheet" type="text/css" href="styles/main.css">
</head>
<body>
    <div id="container">
        <div id="content">
            <header></header>    <!--放"登录"链接的盒子-->
        </div>
    </div>
    <div id="mask"><!--遮罩层的盒子-->
        <div id="form"></div>    <!--表单盒子 -->
    </div>
</body>
</html>
```

步骤 3：写头部盒子和表单盒子里的内容。

```
<div id="container">
    <div id="content">
        <header>
            <a href="javascript:void(0);" id="a">登录</a>
        </header>
    </div>
</div>
<div id="mask">
    <div id="form">
        <header>
            <a href="javascript:void(0);" id="aa" >×</a>
        </header>
        <form action="">
            <div class="row">
                <input type="text" name="" placeholder="用户名/手机号/邮箱" >
            </div>
            <div class="row">
                <input type="password" name="" placeholder="密码" >
            </div>
            <div class="row">
                <input type="submit" value="登录" class="btn">
            </div>
        </form>
    </div>
</div>
```

步骤 4：浏览网页，观察效果（以下同）。

步骤 5：打开 main.css，写 CSS 代码，设置主体内容区及其头部的定位类型、边距、边框等样式。

```
/*主体内容区*/
#content{
    position: relative;
```

```
}
/*内容区的头部*/
#content > header{
    position: absolute;
    top: 0;
    left: 0;
    width: 100%;
    line-height: 35px;
    border-bottom: 1px solid #ddd;
}
```

步骤 6：设置遮罩层盒子的样式。

```
/*遮罩层*/
#mask{
    position: fixed;
    left: 0;
    top: 0;
    width: 100%;
    height: 100%;
    z-index: 999;
    background: rgba(0,0,0,0.1);
}
```

步骤 7：设置表单盒子及表单盒子的头部的样式。

```
/*表单盒子*/
#form{
    position: absolute;
    left: 50%;
    top: 50%;
    transform: translate(-50%,-50%);
    background: #fff;
}
/*表单盒子的头部*/
#form > header{
    line-height: 50px;
}
/*表单盒子头部里的a*/
#form > header > a{
    float: right;
    margin-right: 20px;
}
```

步骤 8：设置表单行及每个表单控件的样式。

```
/*每行盒子*/
#form .row{
    line-height: 60px;
    text-align: center;
}
/*所有表单控件*/
#form input{
    box-sizing: border-box;
```

```
    border-radius: 3px;
    border: 1px solid #999;
    font-size: 16px;
    padding: 5px;
    width: 300px;
    height: 40px;
    margin: 20px
}
/*按钮*/
#form input.btn{
    background-color:#F79040;
    opacity: 0.8;
}
/*按钮的鼠标悬停样式*/
#form input.btn1:hover{
    opacity: 1;
}
```

步骤 9：在遮罩层的样式里增加 display 属性，隐藏这个盒子（带下画线的部分）。

```
/*遮罩层*/
#mask{
    position: fixed;
    left: 0;
    top: 0;
    width: 100%;
    height: 100%;
    z-index: 999;
    background: rgba(0,0,0,0.1);
    display: none;
}
```

步骤 10：在 index.html 文件的 body 元素的尾部（即</body>的上面）增加如下 script 元素及 JavaScript 代码，实现单击"登录"链接时显示遮罩层，单击"×"链接时遮罩层消失的功能。

```
...
</div>
<script>
    var a=document.getElementById("a");//获取 id="a"的元素，即"登录"链接
    var aa=document.getElementById("aa");//获取 id="aa"的元素，即"×"
                                          //链接
    var mask=document.getElementById("mask"); //获取 id="mask"的元素，
                                               //即遮罩层盒子
    a.onclick=function(){                // "登录"链接被单击时调用该函数
        mask.style.display="block";      //显示遮罩层盒子
    }
    aa.onclick=function(){               // "×"链接被单击时调用该函数
        mask.style.display="none";       //隐藏遮罩层盒子
    }
</script>
</body>
</html>
```

知识解读

1．javascript:void(0)的含义

javascript:void(0)作为 href 属性的值时：单击该超链接时不发生网页跳转，而是执行一段 JavaScript 代码。这是把超链接当作按钮来使用的一种方法。

2．z-index 属性

z-index 属性表示脱离标准文档流的元素的堆叠顺序。该值可以是正数也可以是负数，值大的元素会覆盖在值小的元素的上面，即 z-index 值越大，元素离用户越近。

z-index 属性的默认值为 auto，默认情况下，脱离了标准文档流的元素（即浮动的、绝对定位的，或固定定位的元素）会覆盖标准文档流中的元素。脱离了标准文档流的元素之间的堆叠顺序就要通过设置 z-index 属性来确定，值可大可小，但是用特别大或特别小的数字有助于更明确地表达顺序关系，如-999 表示置底，999 表示置顶等。

3．transform 属性

transform: translate(x,y);表示将非静态定位的元素的 left 和 top 属性值进行调整。例如，transform: translate(10 px,-20 px)表示将元素向右移 10 px，向上移 20 px；transform: translate(-50%, -50%)表示将元素向左移自身宽度的 50%，向上移自身高度的 50%。

单 元 小 结

在本单元中，学习了如何实现网页一角的表单、网页任意位置的表单以及遮罩层上的表单。表单的布局，大多用到绝对定位或固定定位方法。表单是用户和网站交互的"窗口"，也是前端功能和后端功能的交汇点。

习 题

1．HTML 表单是指什么？
2．表单控件一定要用 form 元素包围吗？
3．form 元素的 action 属性有什么作用？
4．label 元素的 for 属性有什么用处？
5．请写出表示空格的 3 种 HTML 实体。
6．option 元素的 value 属性表示什么？
7．请写出表示密码框的元素。
8．表单控件的 name 属性有什么作用？
9．输入框为空时显示的提示文本如何设置？
10．为什么设置表单控件的宽高时需要把 box-sizing 属性的值进行统一？
11．通常什么情况下需要设置元素的 min-height CSS 属性？
12．background 属性未囊括进去的背景属性是哪个？

13. 元素默认的定位类型是什么？

14. 有的元素设置了 position: relative，但未设置 top 和 left，通常是因为什么原因？

15. 绝对定位是指元素基于什么来定位？

16. 相对定位是指元素基于什么来定位？

17. 固定定位是指元素基于什么来定位？

18. 哪些定位类型使元素脱离标准文档流？

19. 相对定位的元素基于原位置偏移后，原位置还占用标准文档流的空间吗？

20. 相对定位的元素基于原位置偏移后，有可能跟标准文档流中的其他元素重叠吗？

21. fieldset 元素表示什么？

22. 如何禁止超链接单击后网页跳转？

23. z-index CSS 属性表示什么？

24. transform: translate(x,y)表示什么？

第8单元　网页页眉的构建

页眉是网页必不可少的区域，用于显示网站 Logo 和网站名称等重要的信息。

通过本单元的学习，应该达到以下目标：

- 学会页眉内元素的布局方法。
- 学会网站 Logo、标题的写法。
- 学会搜索表单的美化方法。
- 掌握典型页眉的实现方法。

任务 8.1　制作典型页眉 1

微　课

制作典型页眉

　任务要求

　　请在任务 5.9 制作的网页（或前面的单元制作的任意网页）上增加页眉，页眉左端为 Logo，右端为站内搜索表单和顶部小导航，如图 8-1 所示。

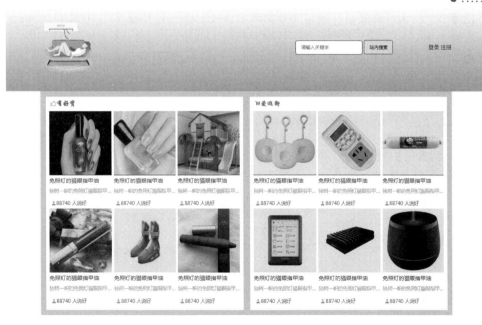

图 8-1　典型页眉 1

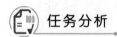 任务分析

1．Logo

Logo 一般要做成超链接，单击后在浏览器的新窗口内打开网站的首页。Logo 图片可以作为前景图像（即 a 元素内的 img），也可以作为 a 元素的背景图像来设置。

2．页眉的盒子

任务中的页眉，背景是全宽的，内容是定宽的，这样的页眉一般用两层盒子布局。外层盒子用语义化元素 header，不设宽高设背景，内层盒子用 div，设置宽高和自身居中，宽度与网页的主体内容呼应。

3．水平布局的实现

页眉的特点是元素稀少，只需要考虑元素的大体位置，不必精确分配页眉空间。所以，可以通过行内块实现元素之间的横排，只有需要靠右布局的小盒子用浮动即可。再通过设置元素的水平外边距拉开元素之间的距离即可。

4．顶部的小导航

水平分布的导航，简单地用 nav>a 结构组织即可。

5．垂直位置的设置

根据元素的高度和页眉的总高度，给元素设置合适的上外边距。

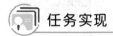 任务实现

步骤 1：搭建网站结构。

将任务 5.9 的文件夹复制一份，并重命名为 8-1，将一个 Logo 图片（如 logo.png）放入 images 文件夹中。

步骤 2：打开 index.html，将<div id="container">…</div>进行折叠，在其上下添加 HTML 注释。

```
<!-- 大盒子开始 -->
<div id="container"> …
</div>
<!-- 大盒子结束 -->
```

步骤 3：在以上大盒子与<body>之间增加如下 HTML 代码（页眉的两层盒子）。

```
<!-- 页眉开始 -->
<header class="top">
    <div class="inner-top">
    </div>
</header>
<!-- 页眉结束 -->
```

步骤 4：在网站的 styles 文件夹下新建一个 CSS 文件（header.css），在 index.html 文件的</head>的上面增加 link 元素，引用 header.css。

```
<link rel="stylesheet" type="text/css" href="styles/header.css">
```

步骤 5：打开 header.css，输入以下 CSS 代码，设置页眉的两层盒子的样式。

```
/*页眉*/
.top{
    background: linear-gradient(to top,#8FA6FF,#FFF);
}
/*页眉的内层盒子*/
.inner-top{
    width: 1200px;
    height: 300px;
    margin: 0 auto;
}
```

步骤 6：回到 index.html，在页眉的内层盒子内添加 Logo、站内搜索表单和顶部小导航，并给元素设置必要的 class 属性，其中需要右浮动的元素设置 class="pull-right"，以便让基础样式文件 base.css 中的相应样式直接起作用，代码如下：

```
<div class="inner-top">
    <a class="logo" href="index.html" target="_blank">
        <img src="images/logo.png" alt="">
    </a>
    <div class="pull-right">
        <form class="form-top">
            <input type="search" name="" id="" placeholder="请输入关键字">
            <input type="submit" value="站内搜索">
        </form>
        <nav class="nav-top">
            <a href="">登录</a>
            <a href="">注册</a>
        </nav>
    </div>
</div>
```

步骤 7：回到 header.css，设置元素的行内块、外边距等样式，确定各元素的水平和垂直位置。

```
/*logo 链接*/
.logo
{
    display: inline-block;
    vertical-align: top;
    margin-top: 45px;
}
/*右浮动的盒子*/
.inner-top>.pull-right{
    margin-top: 105px;
}
/*右浮动的盒子的所有直接子元素*/
.inner-top>.pull-right>*{
    display: inline-block;
    vertical-align: top;
```

```
}
/*站内搜索表单*/
.form-top
{
    margin-right:100px;
}
```

步骤 8：设置各元素的尺寸、颜色。

```
/*logo 图片*/
.logo img{
    height: 160px;
}
/*表单控件*/
.form-top>*
{
    box-sizing: border-box;
    height: 40px;
    padding: 0 15px;
    border-radius: 5px;
    border: 1px solid #333;
    vertical-align: top;
}
/*登录注册链接*/
.nav-top>*
{
    line-height: 40px;
}
```

步骤 9：此时浏览网页可发现页眉和主体内容区之间有多余的间距，打开 base.css，将网页的主体内容区（#content）的 margin-top 属性设置去掉即可。

扩展练习

请动手尝试，在本任务的 Logo 右边增加一个 h1 元素，显示网站的名称。

任务 8.2 制作典型页眉 2

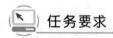 任务要求

请在任务 5.2 制作的网页（或前面的单元制作的任意网页）上增加页眉，左端为 Logo 和标题，中部为搜索框和热门搜索导航，右端为热线电话。给浏览器设置超过页眉高度的背景图像，如图 8-2 所示。

图 8-2　典型页眉 2

 任务分析

1. 超过页眉高度的背景

通过给 body 设置超过页眉高度的背景，使得页眉以下的元素有一种向上嵌入的视觉效果。因为背景色（background-color）的尺寸无法控制，所以只能设置背景图像（background-image），引用图像文件或用 linear-gradient()函数产生渐变色均可。

2. 去除两个元素之间的空格

任务中两个表单控件之间有空格，去除该空格使用的方法是：先将它们的父元素的字号设置为 0，然后再将它们自己的字号设置为需要的字号（如 16 px）。

 任务实现

步骤 1：搭建网站结构。

将任务 5.2 的文件夹复制一份，并重命名为 8-2，将一个 Logo 图片（如 logo.png）放入 images 文件夹中。

步骤 2：打开 index.html，将<div id="container">…</div>进行折叠并注释，在其前面增加页眉，代码如下。

```
<!-- 页眉开始 -->
<header class="top">
</header>
<!-- 页眉结束 -->
<!-- 大盒子开始 -->
```

```
<div id="container"> ...
</div>
<!-- 大盒子结束 -->
```

步骤 3：在网站的 styles 文件夹下新建一个 CSS 文件（header.css），在 index.html 文件的 </head> 的上面增加 link 元素，引用 header.css。

```
<link rel="stylesheet" type="text/css" href="styles/header.css">
```

步骤 4：打开 header.css，输入以下 CSS 代码，设置浏览器的背景图像和页眉的样式。

```css
/*整个网页*/
body{
    background-image: linear-gradient(to top,#0263B2,#0263B2);
    background-repeat: repeat-x;
    background-size: 100% 400px;
}
/*页眉的盒子*/
.top{
    width: 1170px;
    margin: 0 auto;
    height: 200px;
}
```

步骤 5：回到 index.html，在页眉盒子内添加 Logo、标题、站内搜索表单、热门搜索导航以及热线电话，并给元素设置必要的 class 属性，其中需要右浮动的元素设置 class="pull-right"，以便让基础样式文件 base.css 中的相应样式直接起作用，代码如下：

```html
<header class="top">
    <a class="logo" href="index.html" target="_blank">
        <img src="images/logo.png" alt="">
    </a>
    <h1>ABC 职业技术学院</h1>
    <div class="inner1-top">
        <form action="">
            <input type="search" placeholder="请输入关键字">
            <input type="submit" value="搜索">
        </form>
        <nav>
            <span>热门搜索: </span>
            <a href="">招生</a>
            <a href="">专业介绍</a>
            <a href="">奖学金</a>
            <a href="">助学金</a>
            <a href="">就业</a>
            <a href="">招聘</a>
        </nav>
    </div>
    <div class="inner2-top pull-right">
        <p>招生热线: 6666-77778888</p>
        <p>专业咨询: 6666-55558888</p>
        <p>人才应聘: 6666-55559999</p>
        <p>校企合作: 6666-77779999</p>
```

```
        </div>
    </header>
```

步骤 6：回到 header.css，设置元素的行内块、外边距等样式，确定各元素的水平和垂直位置，设置 Logo 图片的尺寸、标题的行高、字体、阴影等样式。

```
/*logo 链接*/
.logo
{
    display: inline-block;
    vertical-align: top;
    margin-top: 25px;
}
/*logo 图片*/
.logo img{
    height: 150px;
}
/*标题*/
.top>h1{
    display: inline-block;
    vertical-align: top;
    margin-top: 75px;
    margin-left: 10px;
    line-height: 50px;
    font-family: 隶书;
    text-shadow: 1px 1px 3px #fff;
}
/*中部盒子*/
.inner1-top{
    display: inline-block;
    vertical-align: top;
    margin-top: 60px;
    margin-left: 100px;
}
/*右浮动的盒子*/
.inner2-top{
    margin-top:40px;
}
```

步骤 7：设置中部盒子里表单控件的尺寸、内边距、圆角、鼠标悬停等样式。

```
/*中部盒子里的表单*/
.inner1-top>form{
    font-size: 0;      /*去除表单控件之间的空格*/
}
/*表单控件*/
.inner1-top>form>*{
    font-size: 16px;
    box-sizing: border-box;
    height: 40px;
    border: 1px solid #333;
    vertical-align: top;
    padding: 0 15px;
}
/*搜索框*/
.inner1-top>form>input:first-child{
```

```
        border-top-left-radius:5px;
        border-bottom-left-radius: 5px;
        border-right: none;
}
/*按钮*/
.inner1-top>form>input:last-child{
        border-top-right-radius:5px;
        border-bottom-right-radius: 5px;
        border-left: none;
}
/*按钮的鼠标悬停样式*/
.inner1-top>form>input:last-child:hover{
        opacity: 0.7;
}
```

步骤 8：设置中部盒子里热门搜索链接的颜色、行高等样式。

```
/*中部盒子里的热门搜索导航*/
.inner1-top>nav{
        color:#fff;
        line-height: 40px;
        font-size: 14px;
}
/*热门搜索导航里的所有链接*/
.inner1-top>nav>a{
        color:#fff;
}
```

步骤 9：设置右浮动的盒子里段落的行高、字体、颜色等样式。

```
/*右浮动的盒子*/
.inner2-top>p{
        font-family: 仿宋;
        font-size: 18px;
        color:#fff;
        line-height: 30px;
}
```

单 元 小 结

在本单元中，学习了如何实现典型的页眉，页眉通常要包含的元素有网站 Logo、网站名称、搜索框、登录注册链接等。页眉的布局主要用到行内块方法。

习　题

1. 如果页眉用紧紧套在一起的两层盒子，那么一般这两层盒子的作用分别是什么？
2. 页眉内元素的横排一般通过什么实现？
3. 页眉内元素的水平位置和垂直位置一般通过什么控制？
4. 超过页眉高度的背景一般是什么背景？

第9单元 网页主导航的构建

网页主导航是整个网站的地图，它能一目了然地表现整个网站的组成结构，并能引导浏览者直达目标页面。

通过本单元的学习，应该达到以下目标：

- 学会主导航的组织形式。
- 掌握导航中各层元素必须设置的样式。
- 掌握下拉菜单的定位方法。

任务 9.1 制作不带下拉菜单的导航

 任务要求

请在任务 8.1 制作的网页上增加主导航，主导航具有渐变背景，当前活动的链接和鼠标悬停在其上的链接有特殊的背景和文本颜色，如图 9-1 所示。

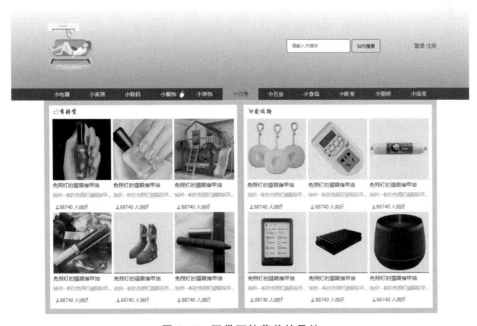

图 9-1　不带下拉菜单的导航

 任务分析

主导航的组织形式：主导航实际上是一组或多组链接，一组链接一般做成不带下拉菜单的导航，多组链接一般做成带下拉菜单的导航。无论是否带下拉菜单，整体上都采用 nav>ul>li>a 的结构来组织。

① nav 不设宽度，设相同的高度和行高。

② ul 设置宽度和自身居中。

③ li 要浮动，平分 ul 的宽度，内容居中。

④ a 要变成块级元素。

任务实现

步骤 1：搭建网站结构。

将任务 8-1 的文件夹复制一份，并重命名为 9-1。

步骤 2：打开 index.html，在页眉和大盒子之间增加主导航，给当前活动的链接设置 class="active"，代码如下。

```html
<!-- 页眉结束 -->
<!-- 主导航开始 -->
<nav class="nav-main">
    <ul>
        <li><a href="">小电器</a></li>
        <li><a href="">小家具</a></li>
        <li><a href="">小数码</a></li>
        <li><a href="">小服饰</a></li>
        <li><a href="">小装饰</a></li>
        <li><a class="active" href="">小日用</a></li>
        <li><a href="">小五金</a></li>
        <li><a href="">小食品</a></li>
        <li><a href="">小卧室</a></li>
        <li><a href="">小厨房</a></li>
        <li><a href="">小浴室</a></li>
    </ul>
</nav>
<!-- 主导航结束 -->
<!-- 大盒子开始 -->
```

步骤 3：在网站的 styles 文件夹下新建一个 CSS 文件（nav-main.css），在 index.html 文件的</head>的上面增加 link 元素，引用 nav-main.css。

```html
<link rel="stylesheet" type="text/css" href="styles/nav-main.css">
```

步骤 4：打开 nav-main.css，设置导航盒子、列表、列表项和链接的样式，代码如下。

```css
/*主导航的盒子*/
.nav-main{
    height: 35px;
```

```
        line-height: 35px;
        background: #2C445F;
}
/*列表*/
.nav-main>ul{
        list-style-type:none;
        width: 1200px;
        margin: 0 auto;
}
/*列表项*/
.nav-main>ul>li{
        float: left;
        width: 109px;
        text-align: center;
}
/*链接*/
.nav-main>ul>li>a{
        display: block;
        color:#fff;
}
/*链接中的当前活动项*/
.nav-main>ul>li>a.active{
        background: #8FA6FF;
        color:#2C445F;
}
/*链接的鼠标悬停样式*/
.nav-main>ul>li>a:hover{
        background: #8FA6FF;
        color:#2C445F;
}
```

任务 9.2　制作带下拉菜单的导航

任务要求

　　请在任务 8.2 制作的网页上增加主导航，主导航带底部边框线，第 4 个顶部菜单项有下拉菜单，鼠标悬停在顶部菜单项上时显示下拉菜单，如图 9-2 所示。

微　课

制作带下拉菜单的导航

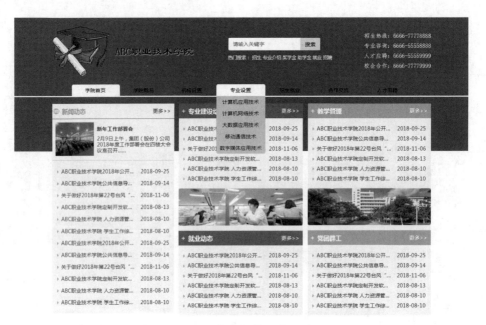

图 9-2　带下拉菜单的导航

 任务分析

1. 下拉菜单的组织和定位

下拉菜单用 ul>li>a 的结构来组织，作为顶部菜单项的子元素，并在相应的顶部菜单项内进行绝对定位。

2. 下拉菜单的隐藏和显示

下拉菜单以 dislplay: none; 进行隐藏，实际上是相当于将该元素设置为"无"，并在其父元素（顶部菜单项）的鼠标悬停样式里以 display: block; 恢复显示。

 任务实现

步骤 1：搭建网站结构。

将任务 8.2 的文件夹复制一份，并重命名为 9-2。

步骤 2：打开 index.html，在页眉和大盒子之间增加主导航，暂不包含下拉菜单，代码如下。

```html
<!-- 页眉结束 -->
<!-- 主导航开始 -->
<nav class="nav-main">
    <ul class="menu-top">
        <li><a class="active" href="">学院首页</a></li>
        <li><a href="">学院概况</a></li>
        <li><a href="">机构设置</a></li>
        <li><a href="">专业设置</a></li>
        <li><a href="">招生就业</a></li>
        <li><a href="">合作交流</a></li>
```

```
        <li><a href="">人才招聘</a></li>
    </ul>
</nav>
<!-- 主导航结束 -->
<!-- 大盒子开始 -->
```

步骤 3：在网站的 styles 文件夹下新建一个 CSS 文件（nav-main.css），在 index.html 文件的</head>的上面增加 link 元素，引用 nav-main.css。

```
<link rel="stylesheet" type="text/css" href="styles/nav-main.css">
```

步骤 4：打开 nav-main.css，设置导航盒子、列表、列表项和链接的样式，代码如下。

```
/*主导航的盒子*/
.nav-main{
    height: 35px;
    line-height: 35px;
    border-bottom: 3px solid #fff;
}
/*主导航的盒子里的所有ul*/
.nav-main ul{
    list-style-type:none;
}
/*主导航的盒子里的所有a*/
.nav-main a{
    color:#000;
    display: block;
}
/*顶部菜单（外层ul）*/
.menu-top{
    width: 1050px;
    margin: 0 auto;
}
/*顶部菜单项（外层li）*/
.menu-top>li{
    float: left;
    width: 150px;
    text-align: center;
}
/*顶部菜单链接*/
.menu-top>li>a{
    border-top-left-radius: 5px;
    border-top-right-radius: 5px;
}
/*顶部菜单链接中的当前活动项*/
.menu-top>li>a.active{
    background: #fff;
}
/*顶部菜单链接的鼠标悬停样式*/
.menu-top>li>a:hover{
    background: #fff;
}
```

步骤 5：回到 index.html，在第 4 个 li 内，<a href="">专业设置</a>的下面，增加下拉菜单（内层 ul），代码如下。

```
<li>
    <a href="">专业设置</a>
    <ul class="menu-dropdown">
        <li><a href="">计算机应用技术</a></li>
        <li><a href="">计算机网络技术</a></li>
        <li><a href="">大数据应用技术</a></li>
        <li><a href="">移动通信技术</a></li>
    <li><a href="">数字媒体应用技术</a></li>
    </ul>
</li>
```

步骤 6：回到 nav-main.css，设置下拉菜单的样式，代码如下。

```
/*下拉菜单（内层 ul）*/
.menu-dropdown{
    position: absolute;
    left:0;
    top:35px;      /*与 nav-main 的 height 一致*/
    background: #ccc;
    width: 100%;
    border-bottom-left-radius: 5px;
    border-bottom-right-radius: 5px;
}
```

步骤 7：在顶部菜单项的样式里增加 position: relative;（如下画线部分）。

```
/*顶部菜单项（外层 li）*/
.menu-top>li{
    float: left;
    width: 150px;
    text-align: center;
    position: relative;
}
```

步骤 8：浏览网页，如果下拉菜单已正常显示，则在下拉菜单的样式里增加 display: none;，将下拉菜单隐藏起来（如下画线部分）。

```
/*下拉菜单（内层 ul）*/
.menu-dropdown{
    position: absolute;
    left:0;
    top:35px;      /*与 nav-main 的 height 一致*/
    background: #ccc;
    width: 100%;
    border-bottom-left-radius: 5px;
    border-bottom-right-radius: 5px;
    display: none;
}
```

步骤 9：设置顶部菜单项上鼠标悬停时显示下拉菜单，以及下拉菜单链接的鼠标悬停样式。

```
/*顶部菜单项上鼠标悬停时显示下拉菜单*/
```

```
.menu-top>li:hover .menu-dropdown{
    display: block;
}
/*下拉菜单链接（内层 a）的鼠标悬停样式*/
.menu-dropdown>li>a:hover{
    background: #0263B2;
}
```

单 元 小 结

在本单元中，学习了如何实现典型的主导航。主导航是指向网站内所有网页的链接集合，如果网页数目较多，将网页链接分组，将主导航设计成有下拉菜单的形式——一组一个下拉菜单。导航链接的组织一般用 ul 元素，顶部导航的布局用一般浮动，下拉菜单要用绝对定位。

习　　题

1. 下拉菜单以什么结构来组织？

2. 下拉菜单的定位类型应该是什么？CSS 属性和值怎么写？

3. 下拉菜单的定位参考元素（即定位范围）应该是什么？对该参考元素进行什么样的属性设置？

4. 下拉菜单的宽度设置为 100%是什么意思？

5. 任务中有如下 CSS 代码：

```
/*顶部菜单项上鼠标悬停时显示下拉菜单*/
.menu-top>li:hover .menu-dropdown{
    display: block;
}
```

将其改为如下：

```
/*顶部菜单链接上鼠标悬停时显示下拉菜单*/
.menu-top>li>a:hover .menu-dropdown{
    display: block;
}
```

浏览网页可发现无法达到显示下拉菜单的效果，请解释原因。

 # 第10单元 网页横幅广告的构建

横幅广告是网页上非常重要的区域，以醒目的方式展现或公告最新最重要的信息。

通过本单元的学习，应该达到以下目标：

- 学会窄幅横幅广告的实现方法。
- 学会宽幅横幅广告的实现方法。

任务 10.1 制作窄幅横幅广告

 任务要求

请在任务 9.2 制作的网页上增加窄幅横幅广告图片，图片与网页主体内容一样宽，如图 10-1 所示。

图 10-1 增加窄幅横幅广告

任务分析

广告图片的显示宽度：网页上任何一张图片的显示尺寸都要设置（即使图片本身的宽高已经很合适），以防日后更换图片后网页布局混乱。

 任务实现

步骤 1：搭建网站结构。

将任务 9.2 的文件夹复制一份，并重命名为 10-1，将广告图片（banner.jpg）放到 images 文件夹下。

步骤 2：打开 index.html，大盒子的开始处增加横幅广告，代码如下。

```
<!-- 大盒子开始 -->
<div id="container">
    <figure class="banner">
        <img src="images/banner.jpg" alt="">
    </figure>
    <div id="content" class="clear-fix"> …
    </div>
</div>
<!-- 大盒子结束 -->
```

步骤 3：打开 main.css，设置广告图片的显示宽度，若有必要再设置显示高度。

```
/*横幅广告*/
.banner img{
    width: 100%;
}
```

步骤 4：打开 base.css，将网页主体内容区#content 的上外边距去掉，改为如下形式。

```
/*网页的主体内容区*/
#content{
    padding: 15px;
}
```

任务 10.2　制作宽幅横幅广告

 任务要求

请在任务 9.1 制作的网页上增加宽幅横幅广告图片，水平方向全屏显示，图片不拉伸，始终居中，如图 10-2 所示。

图 10-2　增加宽幅横幅广告

任务分析

宽幅广告图片的全屏原图居中显示：这种横幅广告具体要求实际为——高分辨率下，浏览器窗口宽度超过图片宽度时，图片不全屏，居中显示；低分辨率下，图片宽度超过浏览器窗口宽度时，两边超过的部分不显示，显示中间的部分。

为了确保图片的水平中心与整个网页的水平中心对齐，可用如下方法：横幅广告的盒子设置固定高度（广告图片的原始高度），将广告图片在盒子内进行绝对定位，定位在水平 50% 处，再通过 transform 属性调整图片的位置，将图片左移，左移距离要等于图片显示宽度的一半。不设置盒子的宽度，等于浏览器窗口宽度，隐藏溢出的部分。

任务实现

步骤 1：搭建网站结构。

将任务 9.1 的文件夹复制一份，并重命名为 10-2，将广告图片（banner.jpg）放到 images 文件夹中。

步骤 2：打开 index.html，在主导航与大盒子之间增加横幅广告，代码如下。

```
<!-- 主导航结束 -->
<!-- 横幅广告开始 -->
```

```
<figure class="banner">
    <img src="images/banner.jpg" alt="">
</figure>
<!-- 横幅广告结束 -->
<!-- 大盒子开始 -->
```

步骤 3： 打开 main.css，设置广告图片的显示宽度，若有必要再设置显示高度。

```
/*横幅广告的盒子*/
.banner{
    height: 380px;
    position:relative;
    overflow: hidden;
}
/*广告图片*/
.banner img{
    width: 1380px;
    position: absolute;
    left:50%;
    transform: translateX(-50%);    /*左移 width 的一半*/
}
```

单 元 小 结

在本单元中，学习了如何实现典型的横幅广告，横幅广告有窄幅广告和宽幅广告，有单张静态图片广告和多张轮播图片广告。多张轮播图片广告需要编写前端脚本来实现，用到 JavaScript 语言，将在第 12 单元的任务 12.2 中简单介绍。单张静态图片宽幅广告的实现一般用固定高度的盒子和绝对定位的图片的方法。

习　　题

1. 任务 10.1 中横幅广告的盒子的宽度等于多少？

2. 任务 10.1 中，图片的高度设置和不设置有什么区别？

3. 任务 10.2 中，通过对横幅广告的盒子设置 text-align: center; 能否达到让图片始终居中的效果？

4. 任务 10.2 中，通过对横幅广告的盒子设置 margin: 0 auto; 能否达到让图片始终居中的效果？

第 11 单元　网页页脚的构建

页脚是网页必不可少的区域，用于显示地址、联系方式等重要的信息。

通过本单元的学习，应该达到以下目标：

- 学会用外层盒子表现背景，用内层盒子控制布局。
- 学会页脚内容的水平布局方法。
- 学会页脚内容的垂直布局方法。

任务 11.1　制作典型页脚 1

 任务要求

请在任务 10.1 制作的网页上增加页脚，页脚包含上下两个区域，上半区域里包含若干水平分布的友情链接，下半区域里包含若干行静态文本，如图 11-1 所示。

微课

制作典型页脚

图 11-1　典型页脚 1

 任务分析

1．页脚的盒子

页脚用语义化元素 footer，包含的上下两个区域都用 div 元素即可。上半区域需要用两层盒子，内层盒子设置宽度和自身居中，宽度与网页的主体内容呼应。

2．友情导航

跟页眉区的导航一样，可以简单地用 nav>a 的结构来组织，跟页眉区的导航不同的地方在于：友情导航的这些链接需要平分其父元素的水平空间，所以 a 元素需要浮动并设置宽度。

3．页脚的高度

页眉的内容一般为单行，而页脚的内容一般为多行，所以页脚最好不设置高度，通过设置垂直内边距来达到内容的垂直居中。

 任务实现

步骤 1： 搭建网站结构。

将任务 10.1 的文件夹复制一份，并重命名为 11-1。

步骤 2： 打开 index.html，在大盒子与</body>之间增加页脚，代码如下。

```
<!-- 大盒子结束 -->
<!-- 页脚开始 -->
<footer>
    <div class="bottom1">
        <div class="inner-bottom1">
            <h4>友情链接</h4>
            <nav class="clear-fix">
                <a href="">ABC 省教育厅</a>
                <a href="">ABC 产业园</a>
                <a href="">ABC 就业局</a>
                <a href="">ABC 人才网</a>
                <a href="">ABC 出版社</a>
            </nav>
        </div>
    </div>
    <div class="bottom2">
        <p>版权所有：ABC 职业技术学院 联系地址：ABC 省 DEF 市南海大道 95 号</p>
        <p>电话：9898-91939193 91919393 传真：99193131 Email:
123456789@qq.com 技术支持：教学资源与信息中心</p>
    </div>
</footer>
<!-- 页脚结束 -->
/body>
```

步骤 3： 在网站的 styles 文件夹下新建一个 CSS 文件（footer.css），在 index.html 文件的</head>的上面增加 link 元素，引用 footer.css。

```
<link rel="stylesheet" type="text/css" href="styles/footer.css">
```

步骤 4：打开 footer.css，设置页脚的样式，代码如下。

```css
/*页脚里的第一个盒子*/
.bottom1{
    background: #1860B8;
    border-top: 3px solid #F0A80C;
}
/*第一个盒子的内层盒子*/
.inner-bottom1{
    width: 1200px;
    margin: 0 auto;
    padding: 20px 0;
    line-height: 30px;
}
/*友情链接的a*/
.inner-bottom1>.clear-fix>a{
    float:left;
    width: 240px;
    text-align: center;
    color:#fff;
}
/*友情链接的a的鼠标悬停样式*/
.inner-bottom1>nav>a:hover{
    color:#ffcd41;
}
/*页脚里的第二个盒子*/
.bottom2{
    padding: 40px 0;
    line-height: 35px;
    background: #145098;
    text-align: center;
}
```

步骤 5：打开 main.css，将主体内容区左浮动的 3 个 div 的背景色改为渐变色，以从视觉上将 3 个 div 的高度差距模糊化，代码如下。

```css
/*左浮动的3个div*/
div.pull-left{
    width: 380px;
    background: linear-gradient(to bottom,#f8f8f8,#fff);
}
```

任务 11.2　制作典型页脚 2

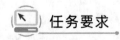 任务要求

请在任务 10.2 制作的网页上增加页脚，如图 11-2 所示。

图 11-2　典型页脚 2

任务分析

水平分布的盒子：该页脚内容为若干盒子水平分布，平分页脚的宽度，除了可以用浮动的方法来实现，还可以用 table/table-cell 方法来实现，即这些盒子设置成 display: table-cell;，将其父元素设置成 display: table;。

任务实现

步骤 1：搭建网站结构。

将任务 10.2 的文件夹复制一份，并重命名为 11-2，将微信图片（weixin.jpg）放到 images文件夹下。

步骤 2：打开 index.html，在大盒子与</body>之间增加页脚，代码如下。

```
<!-- 大盒子结束 -->
```

```html
<!-- 页脚开始 -->
<footer>
    <div class="inner-footer">
        <div>
            <h4>购物指南</h4>
            <ul>
                <li><a href="">购物流程</a></li>
                <li><a href="">会员介绍</a></li>
                <li><a href="">常见问题</a></li>
                <li><a href="">大家电</a></li>
                <li><a href="">联系客服</a></li>
            </ul>
        </div>
        <div>
            <h4>配送方式</h4>
            <ul>
                <li><a href="">上门自提</a></li>
                <li><a href="">211 限时达</a></li>
                <li><a href="">配送服务查询</a></li>
                <li><a href="">配送费标准</a></li>
            </ul>
        </div>
        <div>
            <h4>支付方式</h4>
            <ul>
                <li><a href="">货到付款</a></li>
                <li><a href="">在线支付</a></li>
                <li><a href="">分期付款</a></li>
                <li><a href="">邮局汇款</a></li>
                <li><a href="">公司转账</a></li>
            </ul>
        </div>
        <div>
            <h4>售后服务</h4>
            <ul>
                <li><a href="">售后政策</a></li>
                <li><a href="">价格保护</a></li>
                <li><a href="">退款说明</a></li>
                <li><a href="">退返修/退换货</a></li>
                <li><a href="">取消订单</a></li>
            </ul>
        </div>
        <div>
            <img src="images/weixin.jpg" alt="">
            <p>微信公众平台</p>
            <p>扫码关注我们</p>
        </div>
        <div>
            <p class="tel">1234567890</p>
            <p>客户服务热线</p>
```

```
                <a class="qq" href="">在线客服</a>
            </div>
        </div>
    </footer>
    <!-- 页脚结束 -->
</body>
```

步骤 3：在网站的 styles 文件夹下新建一个 CSS 文件（footer.css），在 index.html 文件的 </head>的上面增加 link 元素，引用 footer.css。

```
<link rel="stylesheet" type="text/css" href="styles/footer.css">
```

打开 footer.css，设置页脚的样式，代码如下：

```
/*页脚的盒子*/
footer{
    background: #555;
    color:#fff;
}
/*页脚的内层盒子*/
.inner-footer{
    width: 1200px;
    margin:0 auto;
    padding:50px 0;
    display: table;
}
/*内层盒子的所有直接子元素*/
.inner-footer>*{
    display: table-cell;
    vertical-align: top;
    width: 200px;
    line-height: 30px;
}
/*内层盒子里的所有 ul*/
.inner-footer ul{
    list-style-type: none;
}
/*内层盒子里的所有 a*/
.inner-footer a{
    font-size:14px;
    color:#fff;
}
/*内层盒子里的 img*/
.inner-footer img{
    width: 100px;
}
/*内层盒子里的客服热线*/
.inner-footer .tel{
    font-size: 30px;
    font-weight: bold;
    color:#FFCD41;
}
```

```
/*内层盒子里的在线客服*/
.inner-footer .qq{
    display: inline-block;
    margin-top: 5px;
    padding:0 30px;
    border:1px solid rgba(255,0,0,0.5);
    border-radius: 20px;
    background: rgba(255,0,0,0.5);
    font-weight: bold;
}
```

单 元 小 结

在本单元中，学习了如何实现典型的页脚。页脚通常要包含的元素有版权信息、友情链接、技术支持信息、服务链接等。页脚的布局上主要用到浮动或行内块或 table/table-cell 方法。

习　题

1. 用浮动的方法来实现若干盒子的水平分布和用 table/table-cell 的方法来实现分别需要注意什么？

2. 设置了 display: table;的元素默认情况下是否独占一行？是否占满父元素的可用宽度？

3. 设置了 display: table-cell;的元素的 vertical-align 属性的默认值是什么？

第12单元 混合布局的综合网页的构建

为了有效地展现更多的信息，提升美观度和用户体验，网页往往需要混合使用多种布局来组织内容，需要综合运用复杂的样式来表现内容。

通过本单元的学习，应该达到以下目标：

- 学会分析和实现复杂网页的布局。
- 学会综合运用 HTML5 和 CSS3 代码。
- 学会用多个文件组织和管理 CSS 代码。
- 学会元素的类名命名技巧。
- 初步体验前端脚本语言 JavaScript 的功能。

任务 12.1 "旅游美食网"首页的构建

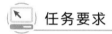

任务要求

请从无到有地制作"旅游美食网"首页，如图 12-1 所示。

任务分析

1. 整体结构

网页的整体结构可如图 12-2 进行规划，header.top 表示 <header class="top">，div#content 表示 <div id="content">，以下同。

2. 页眉

页眉 header.top 的结构可如图 12-3 进行规划，页眉的 4 个直接子元素的水平布局可通过将它们浮动、设置为行内块和设置为单元格等方法来实现。如果想要更方便地实现垂直居中

图 12-1 "旅游美食网"首页

的效果，建议用设置为单元格的方法，即将 header.top 设置成块级表格（即 display: table），将 header.top 的所有直接子元素设置成单元格（即 display: table-cell），并设置它们的垂直居中属性。此外，还需要进行以下设置：

① 对 header.top 还应设置其宽度和自身居中（外边距）属性。

② 对 div.logo 应设置其宽度，对 div.logo 内的 img 应设置 100%的宽度。

③ 对 h1 还应设置其字体、文本颜色、文本阴影（text-shadow）等样式。

④ 对 figure.banner 应设置其宽度和左内边距，对 figure.banner 内的 img 应设置圆角和 100%的宽度。

⑤ 对 ul.nav-top 应设置左内边距、行高、字体、字号等样式，ul.nav-top 内的 a 应设置文本颜色和文本阴影。

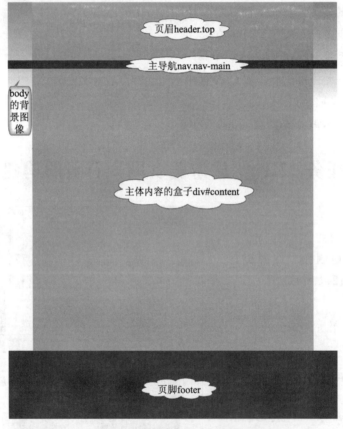

图 12-2　"旅游美食网"首页整体结构

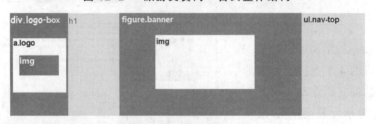

图 12-3　页眉的结构

3．主导航

该主导航（nav.nav-main）没有下拉菜单，所以用典型的 ul>li>a 结构即可，请参考第 9 单元任务 9.1 的做法。

4．主体内容的盒子

该盒子（div#content）需要在浏览器中水平居中，所以要设置其宽度和自身居中（外边距）。

它是"左宽右窄的两列布局（F 式布局）"的结构，如图 12-4 所示。因其包含了浮动的元素，需要设置清除浮动。

图 12-4　主体内容的盒子的结构

5．正文栏和侧边栏

对正文栏 div.main 和侧边栏 aside 应设置浮动和宽度属性，对侧边栏还应设置左内边距。正文栏和侧边栏的结构如图 12-5 所示。

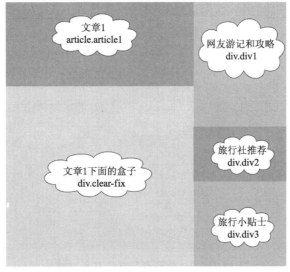

图 12-5　正文栏和侧边栏的结构

6. 文章 1 下面的盒子

该盒子（div.clear-fix）的结构如图 12-6 所示，它的作用主要在于包围其内左右浮动的两个盒子并清除浮动。这样如果在其下方再增加其他内容，则不会出现布局混乱的问题。

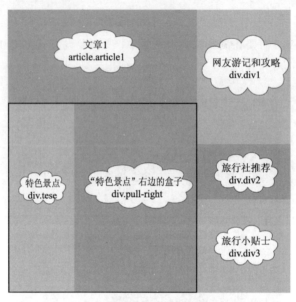

图 12-6　文章 1 下面的盒子的结构

7. "特色景点"右边的盒子

对该盒子（div.pull-right）应设置右浮动、宽度及左内边距，其结构如图 12-7 所示。它的作用主要在于包围其内垂直布局的两个盒子，方便于统一设置背景或者跟"特色景点"调换左右顺序。

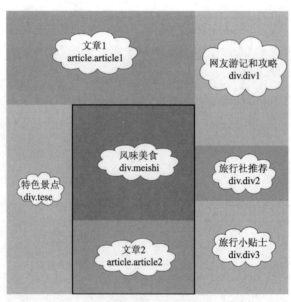

图 12-7　"特色景点"右边盒子的结构

8．正文栏各区块的详细分析

（1）两篇文章

两篇文章的结构均为"h2+若干 p"，如图 12-8 所示。正文栏里的所有 h2 应先设置统一的标题样式，包括行高、垂直外边距、字体、文本颜色等。正文栏里的所有 p 也应先设置统一的段落样式，包括行高、首行缩进等属性。

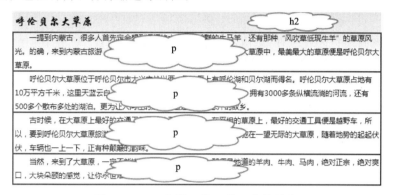

图 12-8　正文栏里第 1 篇文章的结构

（2）"特色景点"区块

该 div 的结构为"h2+若干 a，a 包含 img"。

对该 div 应设置左浮动和宽度，对其内的所有 img 应设置宽度和圆角，以及鼠标悬停在上面时 img 不透明度发生变化。

（3）"风味美食"区块

该 div 的结构为"h2+div，div 内包含若干 a，a 包含 img+p"，如图 12-9 所示。

图 12-9　"风味美食"区块的结构

对"特色景点"右边盒子内的 h2 应统一设置样式，包括右对齐、右内边距、渐变背景、圆角、下外边距等属性。

对"风味美食"区块内的所有 a 应设置左浮动、宽度及溢出时隐藏等样式，所有 p 应设置内容居中、"行高"、文本颜色、字体等样式，所有 img 应设置宽高、圆角等样式，并设置鼠标悬停在上面时 img 微微倾斜。

9．侧边栏各区块的详细分析

（1）"网友游记和攻略"区块

该 div 的结构为"h3+若干 a，a 包含 img+p，p 内的日期用 span 包围"，如图 12-10 所示。

对侧边栏内的所有 h3 应设置统一的样式，包括行高、文本颜色、字体、垂直外边距、背景图像等。

"网友游记和攻略"区块内的 a，由水平排列的 img 和 p 组成，实现它们的水平布局可以用跟页眉一样的方法，另外要对 p 内的 span 设置右浮动。

（2）"旅行社推荐"区块

该 div 的结构为 h3+ul，如图 12-11 所示。对 ul 应设置左外边距、行高、字号、列表项图标以及背景图像。对 ul 内的 a 应设置文本颜色，并将其设置为块级元素，设置鼠标悬停在上面时 a 的文本颜色发生改变。

图 12-10 "网友游记和攻略"区块的结构

图 12-11 "旅行社推荐"区块的结构

（3）旅行小贴士

该 div 的结构为"h3+若干 a，a 包含 img+p"，如图 12-12 所示。

图 12-12 "旅行小贴士"区块的结构

对该 div 内的 a 应设置左浮动、宽度以及内容居中，对第 2 个和第 5 个 a 设置水平外边距，设置鼠标悬停在上面时 a 的背景色发生改变。对 a 内的 img 应设置宽度和垂直居中。

10．页脚

对页脚 footer 应设置渐变背景和文本颜色；对页脚的内层盒子 div.inner-footer 应设置宽度、自身居中、垂直内边距等属性。

页脚的内层盒子包含水平排列的 6 个 div，第 1~4 个 div 的结构为 h4+ul，第 5 个 div 的结构为 img+p+p，第 6 个 div 由 3 个 p 组成，如图 12-13 所示。实现这 6 个 div 的水平布局可以用跟页眉一样的方法，即对内层盒子的所有直接子元素设置单元格、顶部对齐（vertical-align: top）、宽度、行高等属性，对内层盒子 div.inner-footer 设置块级表格。

对页脚内的 a 及 p 应分别设置合适的字号、文本颜色、粗体、背景色、边框、圆角、内边距、外边距等等属性。

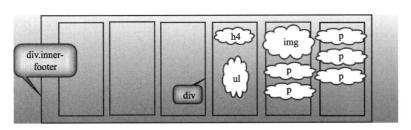

图 12-13　页脚的结构

任务实现

下面列出部分代码，假设基础样式代码与第 11 单元的相同。

假设需浮动的元素已被命名为 pull-left 或 pull-right，所以以下代码中未包含 float 属性。

1．"风味美食"区块的所有相关 CSS 代码

```
/*特色景点右边的盒子*/
#content>.main .pull-right{
    width: 500px;
    padding-left: 20px;
}
/*正文栏里的所有标题*/
#content>.main h2{
    line-height: 35px;
    color: #425113;
    font-family: 华文行楷;
    margin-top: 15px;
}
/*特色景点右边盒子里的标题*/
#content>.main .pull-right h2{
    text-align: right;
    padding-right: 30px;
    background: linear-gradient(to left,#DEEEFE,#FFF);
    border-radius: 17.5px;
```

```css
    margin-bottom: 5px;
}
/*风味美食的链接*/
#content>.main .meishi a{
    float:left;
    width: 250px;
    overflow: hidden;
}
/*风味美食的文字*/
#content>.main .meishi p{
    text-align: center;
    line-height: 35px;
    color:#AA2A2A;
    font-family: 楷体;
    font-weight: bold;
}
/*风味美食的图片*/
#content>.main .meishi img{
    width: 100%;
    height: 168px;
    border-radius: 100px;
}
/*风味美食的图片鼠标悬停样式*/
#content>.main .meishi img:hover{
    transform: rotate(3deg);
}
```

2. "旅行社推荐" 区块的所有相关 CSS 代码

```css
/*侧边栏里的所有标题*/
#content>aside h3{
line-height: 35px;
    color: #0077F7;
    font-family: 华文行楷;
    margin: 15px 0 5px 0;
    background: url(../images/h3-beijing.png) no-repeat 0 100%;
}
/*侧边栏里第 2 个盒子里的 ul*/
#content>aside>.div2 ul{
    margin-left: 80px;
    line-height: 28px;
    font-size: 14px;
    list-style-type: circle;
    background: url(../images/ul-beijing.png)no-repeat 100% 50%;
}
/*侧边栏里的 ul 里的 a*/
#content>aside>.div2 ul a{
    display: block;
    color: #333;
}
/*侧边栏里的 ul 里的 a 鼠标悬停样式*/
#content>aside>.div2 ul a:hover{
    color: #FF8707;
}
```

任务 12.2　仿"中国知网"首页的构建

任务要求

请从无到有地参照中国知网首页的结构制作网页。中国知网首页如图 12-14 所示。

图 12-14　中国知网首页

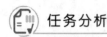 任务分析

1. 整体结构

网页的整体结构按如图 12-15 所示进行规划。

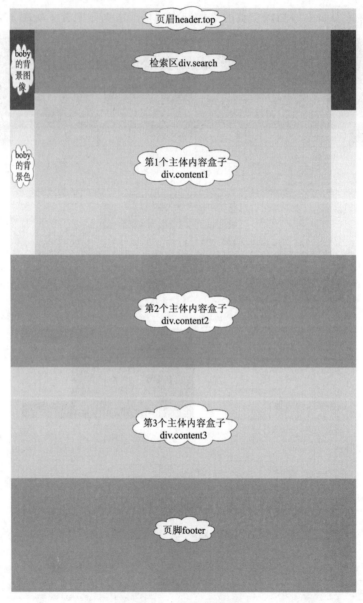

图 12-15　首页整体结构

2. 页眉

对页眉 header.top 应设置底部边框线，其结构按图 12-16 进行规划。

对页眉的内层盒子 div.inner-top 应设置宽度、自身居中（外边距）、垂直内边距、字号等属性。

该内层盒子的 3 个直接子元素的水平布局的实现方法，同样可以将它们浮动、设置为行内块，或者将它们设置为单元格。也可以将左边两个直接子元素设置为行内块，将第三个直接子元素向右浮动，如果用这种方法，具体样式设置建议如下：

① 对 a.logo 设置行内块、顶部对齐，以及垂直外边距。

② 对 img 应设置高度。

③ 对 nav.nav-top1 设置行内块、顶部对齐、上外边距和左外边距。

④ 对 nav.nav-top1 里的所有 a 设置文本颜色和右外边距。

⑤ 对 nav.nav-top2 设置右浮动和上外边距。

⑥ 对 nav.nav-top2 里的所有 a 应设置文本颜色、边框、圆角和内边距。

⑦ 对 nav.nav-top2 里的第 2 个 a 设置另一种文本颜色及背景色。

图 12-16　页眉的结构

3．检索区

检索区 div.search 的整体结构按图 12-17 进行规划，只包含 1 个 ul 元素，ul 包含 3 个 li。

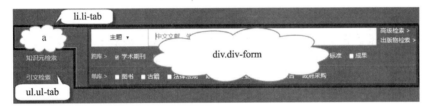

图 12-17　检索区的结构

对 li.li-tab 的直接子元素 a 应设置右边框线，对活动的 a 应设置上、左、下边框线并去掉右边框线，以此获得选项卡的视觉效果。

div.div-form 要相对于检索区 div.search 进行绝对定位并只显示当前活动的一个 div.div-form，至于它们与 li.li-tab 的从属关系，可以把它们作为 li.li-tab 的子元素，也可以把它们作为与 ul.ul-tab 并列的元素。

单击 li.li-tab 时切换右边的 div.div-form 的效果需要用 JavaScript 代码来实现。

div.div-form 如图 12-18 所示进行规划，包含 3 个 div，这 3 个 div 进一步按图 12-19 进行规划。

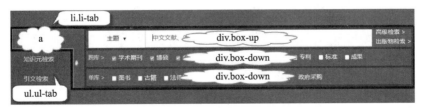

图 12-18　div.div-form 的结构

图 12-19　div.box-up 和 div.box-down 的结构

div.zhuti 和 div.box-down > ul 按图 12-20 进行规划。"主题"部分由 p 和绝对定位的 ul 组成,鼠标悬停在 p 上时显示 ul 的实现方法可参考第 9 单元的任务 9.2,被单击的主题显示到 p 里面的效果需要用 JavaScript 代码来实现。

div.box-down 中的 ul 里的复选框可以用 span 元素来实现,复选框的两种状态对应 span 的两种背景图像,单击 span 时切换其背景图像的效果需要用 JavaScript 代码来实现。

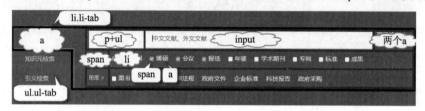

图 12-20　div.zhuti 和 div.box-down > ul 的结构

4.第一个主体内容盒子

第一个主体内容盒子 div.content1 按图 12-21 进行规划。该盒子需要设置宽度、自身居中(外边距)、底部外边距。对该盒子所包含的左中右 3 个盒子应设置浮动、宽度、高度、白的背景色、细的四周边框、粗的顶部边框等属性,对中间的盒子 section.content1-sec2 设置左右外边距。

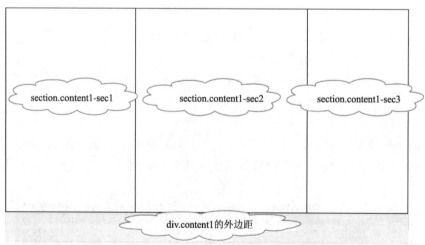

图 12-21　第一个主体内容盒子的结构

5.第二个主体内容盒子

第二个主体内容盒子 div.content2 可按图 12-22 进行规划。该盒子需要设置白的背景色和上下内边距。该盒子所包含的内层盒子 div.inner-content2 的宽度和自身居中属性要跟第一个内容盒子 div.content1 一样。内层盒子 div.inner-content2 包含左右两个盒子，如图 12-23 所示。

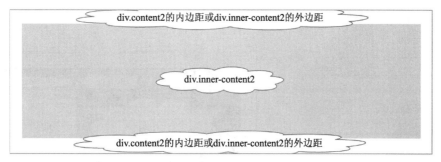

图 12-22　第二个主体内容盒子的结构

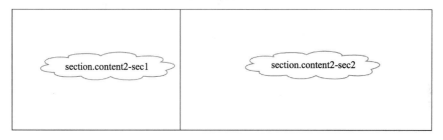

图 12-23　第二个主体内容盒子的内层盒子结构

6．第三个主体内容盒子

第三个主体内容盒子 div.content3 的结构基本跟第二个主体内容盒子一样，只是其内层盒子 div.inner-content3 包含左中右 3 个盒子。

7．第一个主体内容盒子各区块的详细分析

section1 和 section2 的结构完全一样，整体上为 h3 + ul 的结构，section2 略有不同，（h3 + ul）+（img + map）+（h3 + ul）的结构，section1 和 section2 的结构如图 12-24 所示。

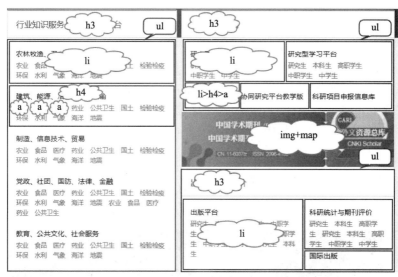

图 12-24　第一个主体内容盒子里的 section1 和 section2 的结构

8．第二个主体内容盒子各区块的详细分析

两个 section 的结构如图 12-25 所示。右边的 section 里的 img 和 li 同步轮播的效果需要用 JavaScript 代码来实现。

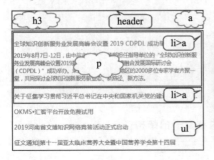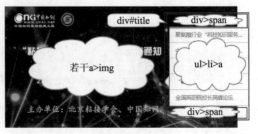

图 12-25　第二个主体内容盒子里两个 section 的结构

9．第三个主体内容盒子各区块的详细分析

section1 和 section2 的结构整体上一样，均为 h3 + ul + img 的结构。li 的内部略有不同，section1 的 li 内直接写若干 a，section2 的 li 内首先为 span + div 的结构，div 内再写若干 a。section3 整体上为 h3 + ul 的结构，如图 12-26 所示。

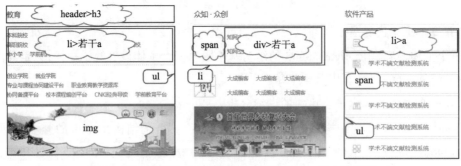

图 12-26　第三个主体内容盒子里三个 section 的结构

10．页脚

页脚 footer 可按图 12-27 进行规划。该盒子由上下两个盒子组成：上面的盒子 div.footer-box1 需要设置背景图像和上下内边距；下面的盒子 div.footer-box2 需要设置背景色。div.footer-box1 包含一个内层盒子 div.inner-box1，div.footer-box2 包含一个内层盒子 div.inner-box2，这两个内层盒子的宽度和自身居中属性要跟第一个内容盒子 div.content1 一样。

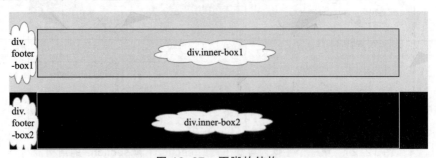

图 12-27　页脚的结构

div.inner-box1 由水平排列的 6 个 div 组成，第 1~4 个 div 的结构完全相同，均为 h4+ul，第 5~6 个 div 的结构完全相同，均为 img+p，但第 5 个 div 需设置左边框线和左外边距、上外边距和左内边距，如图 12-28 所示。

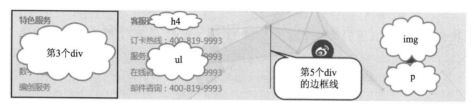

图 12-28　页脚的 div.inner-box1 的结构

div.inner-box2 首先由上下两个 div（div.up 和 div.down）组成，div.up 设置底部边框线，包含左右浮动的 3 个 div，如图 12-29 所示。

图 12-29　页脚的 div.inner-box2 的结构

任务实现

下面列出部分代码。

1. 检索区的整体结构（见图 12-18）的 HTML 代码

```html
<!-- 检索区开始 -->
<div class="search">
    <ul class="ul-tab">
        <li class="li-tab active">
            <a href="javascript:void(0);">文献检索</a>
            <div class="div-form">
                <div class="box-up clear-fix">
                </div>
                <div class="box-down clear-fix">
                </div>
                <div class="box-down clear-fix">
                </div>
            </div>
        </li>
        <li class="li-tab">
            <a href="javascript:void(0);">知识元检索</a>
            <div class="div-form">
            </div>
        </li>
        <li class="li-tab">
            <a href="javascript:void(0);">引文检索</a>
            <div class="div-form">
            </div>
```

```
        </li>
    </ul>
    <script src="js/search.js"></script>
</div>
<!-- 检索区结束 -->
```

2. 检索区第一个 li 里的第一个盒子 div.box-up（见图 12-19）里的 HTML 代码

```
<div class="zhuti pull-left">
    <p><span>主题</span>  <span style="font-size: 10px">▼
</span></p>
    <ul name="" id="">
        <li><a href="javascript:void(0);">主题</a></li>
        <li><a href="javascript:void(0);">关键词</a></li>
        <li><a href="javascript:void(0);">篇名</a></li>
        <li><a href="javascript:void(0);">全文</a></li>
        <li><a href="javascript:void(0);">作者</a></li>
        <li><a href="javascript:void(0);">单位</a></li>
        <li><a href="javascript:void(0);">摘要</a></li>
        <li><a href="javascript:void(0);">被引文献</a></li>
        <li><a href="javascript:void(0);">中图分类号</a></li>
        <li><a href="javascript:void(0);">文献来源</a></li>
    </ul>
</div>
<div class="shurukuang pull-left">
    <input class="type="search" autofocus placeholder="中文文献、外文文献">
</div>
<div class="gaoji pull-left">
    <a href="">高级检索 &gt;</a><br>
    <a href="">出版物检索 &gt;</a>
</div>
```

3. 检索区里的第一个 li 里的第二个盒子 div.box-down（如图 12-19、12-20）里的 HTML
代码

```
<span class="pull-left">跨库 &gt;</span>
<ul class="pull-left clear-fix">
    <li>
        <span class="checkbox selected"> </span>
        <a href="">学术期刊</a>
    </li>
    <li>
        <span class="checkbox selected"> </span>
        <a href="">博硕</a>
    </li>
    <li>
        <span class="checkbox selected"> </span>
        <a href="">会议</a>
    </li>
    <li>
        <span class="checkbox selected"> </span>
        <a href="">报纸</a>
```

```
        </li>
        <li>
            <span class="checkbox"> </span>
            <a href="">年鉴</a>
        </li>
        <li>
            <span class="checkbox"> </span>
            <a href="">学术期刊</a>
        </li>
        <li>
            <span class="checkbox"> </span>
            <a href="">专利</a>
        </li>
        <li>
            <span class="checkbox"> </span>
            <a href="">标准</a>
        </li>
        <li>
            <span class="checkbox"> </span>
            <a href="">成果</a>
        </li>
    </ul>
```

4. 检索区的 CSS 代码（假设基础样式代码与第 11 单元的相同）

```css
/*检索区的盒子*/
.search{
    width: 1100px;
    margin: 50px auto;
    position: relative;
    color: #fff;
}
/*检索区里的所有 a*/
.search a{
    color: #fff;
}
/*主题里的文字颜色*/
.search .zhuti{
    color: #000;
}
/*检索区选项卡的 a*/
.search .li-tab>a{
    display: block;
    width: 100px;
    line-height: 50px;
    padding: 0 30px;
    border-right: 1px solid rgba(255,255,255,0.5);
    color: rgba(255,255,255,0.8);
}
/*检索区选项卡的活动 a*/
.search .li-tab.active>a{
```

```
    color: rgba(255,255,255);
    border: 1px solid rgba(255,255,255,0.5);
    border-right: none;
}
/*检索区选项卡的 a 的鼠标悬停样式*/
.search .li-tab>a:hover{
    color: rgba(255,255,255);
}

/*检索区的 3 个表单盒子*/
.search .div-form{
    position: absolute;
    left: 200px;
    top: 0;
    display: none;
}
/*活动的表单盒子*/
.search .li-tab.active .div-form{
    display: block;
}

/*主题盒子*/
.search .div-form .box-up .zhuti{
    position: relative;
    width: 150px;
    text-align: center;
    background: #fff;
}
/*主题盒子里的所有 a*/
.search .div-form .box-up .zhuti a{
    color: #000;
    display: block;
}
/*主题盒子里的所有 a 的鼠标悬停样式*/
.search .div-form .box-up .zhuti a:hover{
    background: #ddd;
}
/*主题盒子里的 p*/
.search .div-form .box-up .zhuti>p{
    height: 50px;
    line-height: 50px;
}
/*主题盒子里的 ul*/
.search .div-form .box-up .zhuti>ul{
    position: absolute;
    z-index: 999;
    width: 150px;
    left: 0;
    top:50px;
    background: #fff;
```

```
      line-height: 35px;
      display: none;
}
/*主题盒子上鼠标悬停时的 ul*/
.search .div-form .box-up .zhuti:hover  ul{
      display: block;
}
/*输入框的盒子*/
.search .div-form .box-up .shurukuang{
}
/*输入框*/
.search .div-form .box-up .shurukuang input{
      box-sizing: border-box;
      width: 600px;
      padding-left: 20px;
      padding-right: 200px;
      height: 50px;
      background: url(../images/search.png) no-repeat 95% 50%;
      border: none;
      vertical-align: bottom;
      background: #fff;
      font-size: 16px;
}


/*输入框右边的选项*/
.search .div-form .box-up .gaoji{
      padding-left: 10px;
      line-height: 25px;
}


/*第 1 个表单盒子里的中部盒子*/
.search .div-form .box-down{
      line-height: 50px;
      border-bottom: 1px solid rgba(255,255,255,0.2);
}
/*中部和底部盒子里左边的文字*/
.search .div-form .box-down>span{
      font-size: 14px;
      opacity: 0.8;
}
/*中部和底部盒子里的 li*/
.search .div-form .box-down li{
      float: left;
      margin-left: 20px;
      line-height: 50px;
}
/*中部和底部盒子里的复选框*/
.search .div-form .box-down .checkbox{
      display: inline-block;
      vertical-align: middle;
```

```css
    width: 12px;
    height: 12px;
    background-image: url(../images/icon-selected.png);
    background-repeat: no-repeat;
    background-position: 0 0;
    overflow: hidden;
}
/*中部和底部盒子里被选中的复选框*/
.search .div-form .box-down .checkbox.selected{
    background-position: 0 -26px;
}
/*底部盒子*/
.search .div-form .box-down:last-child{
    border-bottom: none;
}
```

5. 检索区的 JavaScript 代码（即 js/search.js 文件的内容）

```javascript
// 选项卡的切换
var ul_tab=document.getElementsByClassName("ul-tab")[0];
var lis=ul_tab.getElementsByClassName("li-tab");
var div_forms=document.getElementsByClassName("div-form");
for(var i=0;i<3;i++){
    // li[i].index=i+1;
    lis[i].onclick=function(){
        ul_tab.getElementsByClassName("li-tab active")[0].className=
"li-tab";
        this.className="li-tab active";

        for(var j=0;j<3;j++){
            div_forms[j].style.display="none";
        }
        var div_cur=this.getElementsByClassName("div-form")[0];
        div_cur.style.display="block";
    }
}
// 主题的切换
var zhuti=document.getElementsByClassName("zhuti")[0];
var p=zhuti.getElementsByTagName("p")[0].getElementsByTagName("span")
[0];
var ul=zhuti.getElementsByTagName("ul")[0];
var lis=ul.getElementsByTagName("li");
for(var i=0;i<lis.length;i++){
    lis[i].onclick=function(){
        p.innerHTML=this.getElementsByTagName("a")[0].innerHTML;
        ul.style.display="none";
    }
}
zhuti.onmouseover=function(){
    ul.style.display="block";
}
```

```
    zhuti.onmouseout=function(){
        ul.style.display="none";
    }
    // 复选框的切换
    var checkboxs=document.getElementsByClassName("checkbox");
    for(var i=0;i<checkboxs.length;i++){
        checkboxs[i].onclick=function(){
            if(this.className=="checkbox selected")
                this.className="checkbox";
            else
                this.className="checkbox selected";
        }
    }
```

6. 主体内容 2（div.content2）整体结构（见图 12–22、12–23）的 HTML 代码

```
<!-- 主体内容 2 开始 -->
<div class="content2">
    <div class="inner-content2 clear-fix">
        <section class="content2-sec1 pull-left">
        </section>
        <section id="ads" class="content2-sec2 pull-left">
        </section>
    </div>
</div>
<!-- 主体内容 2 结束 -->
```

7. 主体内容 2 里的右盒子 section.content2-sec2（#ads）里的代码

```
<a href=""><img class="img-active" src="images/lb01.jpg" alt=""></a>
<a href=""><img src="images/lb02.jpg" alt="" ></a>
<a href=""><img src="images/lb03.jpg" alt="" ></a>
<a href=""><img src="images/lb04.jpg" alt="" ></a>
<a href=""><img src="images/lb05.jpg" alt="" ></a>
<a href=""><img src="images/lb06.jpg" alt=""></a>
<a href=""><img src="images/lb07.jpg" alt="" ></a>
<a href=""><img src="images/lb08.jpg" alt="" ></a>
<a href=""><img src="images/lb09.jpg" alt="" ></a>
<a href=""><img src="images/lb10.jpg" alt="" ></a>
<a href=""><img src="images/lb11.jpg" alt=""></a>
<a href=""><img src="images/lb12.jpg" alt="" ></a>
<div id="title">
    <div class="arrow-up"><span class="span-hidden"> </span></div>
    <ul>
        <li class="li-active">
            <a href="javascript:void(0)">党政智库学术成果统计分析数据库 免
费使用活动</a>
        </li>
        <li>
            <a href="javascript:void(0)">2019 中国高职图书馆发展论坛</a>
        </li>
        <li>
```

```
                <a href="javascript:void(0)">聚氨酯行业"科技知识服务月(第二期)"
</a>
        </li>
        <li>
            <a href="javascript:void(0)">中国博物馆协会社教专委会 2019 年会</a>
        </li>
        <li>
            <a href="javascript:void(0)">全球知识创新服务业发展高峰会议</a>
        </li>
        <li>
            <a href="javascript:void(0)">"粘接技术知识"网络竞答活动</a>
        </li>
        <li>
            <a href="javascript:void(0)">全国高职院校长高峰论坛</a>
        </li>
        <li>
            <a href="javascript:void(0)">"贵州省小学名校长教育成果系列丛书"
</a>
        </li>
        <li>
            <a href="javascript:void(0)">不忘初心牢记使命主体教育专题</a>
        </li>
        <li>
            <a href="javascript:void(0)">我心中的博物馆</a>
        </li>
        <li>
            <a href="javascript:void(0)">第三节全国检察官阅读征文活动</a>
        </li>
        <li>
            <a href="javascript:void(0)">2019 中国知网校园招聘</a>
        </li>
    </ul>
    <div class="arrow-down"><span> </span></div>
</div>
```

8. 主体内容 2 里的右盒子 section.content2-sec2（#ads）的 CSS 代码

```
#ads{
    width: 620px;
}
#ads>a>img{
    width: 100%;
    display: none;
}
#ads .img-active{
    display: block;
}
#ads #title{
    position: absolute;
    top: 60px;
    right: 0;
```

```
}
#ads #title ul{
    height: 206px;
    overflow: hidden;
}
#ads ul li a{
    display: block;
    width: 180px;
    line-height: 40px;
    margin-left: 12px;
    background: #fff;
    border: 1px solid #ccc;
    border-top: none;
    overflow: hidden;
    text-overflow: ellipsis;
    white-space: nowrap;
    padding: 0 15px;
    font-size: 14px;
}
#ads ul li:first-child a{
    border-top: 1px solid #ccc;
}
#ads ul .li-active{
    background: url(../images/arrow-left.png) no-repeat left center;
}
#ads ul .li-active a{
    color: #000;
}
#ads ul .li-hidden{
    display: none;
}
#ads .arrow-up,#ads .arrow-down{
    cursor: pointer;
    text-align: center;
}
#ads .arrow-up span,#ads .arrow-down span{
    display: inline-block;
    width: 37px;
    height: 23px;
}
#ads .arrow-up span{
    background: url(../images/arrow-updown.png) no-repeat 0 0;
}
#ads .arrow-down span{
    background: url(../images/arrow-updown.png) no-repeat -38px 0;
}
#ads .arrow-up .span-hidden{
    background: none;
}
#ads .arrow-down .span-hidden{
```

```
    background: none;
}ul_tab.getElementsByClassName("li-tab active")[0].className="li-tab";
```

9．主体内容 2 里的右盒子 section.content2-sec2（#ads）的 JavaScript 代码（即 js/lunbo.js 文件的内容）

```javascript
// 活动的 img(li) 的索引号
var i=0;
//定时器的 id
var interval;
//所有图片，所有 li
var imgs,lis;
//上下翻页箭头
var arrow_up,arrow_down;
//ul 里第 1 个可见的 li 和最后一个可见的 li
var first=0,last=4;
//获取轮播图盒子
var ads=document.getElementById('ads');
// 获取轮播图盒子里的所有 img 和 li
imgs=ads.getElementsByTagName('img');
lis=ads.getElementsByTagName('li');
// 启动定时器
interval=setInterval("show()",3000);
// 每个 li 的单击事件
for(var j=0;j<lis.length;j++){
    lis[j].index=j;
    lis[j].onclick=function(){
        i=this.index-1;
    }
}
// 获取上下翻页箭头
arrow_up=ads.getElementsByClassName('arrow-up')[0];
arrow_down=ads.getElementsByClassName('arrow-down')[0];
// 上翻页箭头的单击事件
arrow_up.onclick=function(){
    clearInterval(interval);
    first-=5;
    if(first<0)  first=0;
    last=first+4;
    var li_hiddens=ads.getElementsByClassName('li-hidden');
    for(var j=0;j<li_hiddens.length;j++){
        li_hiddens[0].classList.remove("li-hidden");
    }
    for(var j=0;j<first;j++){
        lis[j].classList.add("li-hidden");
    }
    interval=setInterval("show()",3000);
}
// 下翻页箭头的单击事件
arrow_down.onclick=function(){
    clearInterval(interval);
```

```
        last+=5;
        if(last>11) last=11;
        first=last-4;
        for(var j=0;j<first;j++){
            lis[j].classList.add("li-hidden");
        }
        interval=setInterval("show()",3000);
    }
    function show(){
        // 获取活动的 img 和 li
        var img_old=ads.getElementsByClassName('img-active')[0];
        var li_old=ads.getElementsByClassName('li-active')[0];
        // 去除活动的 img 和 li 的 class 属性
        img_old.removeAttribute("class");
        li_old.removeAttribute("class");
        //下一个 img 的索引号
        i++;
        if(i<5){
            first=0;
            last=first+4;
            arrow_up.getElementsByTagName('span')[0].setAttribute
('class','span-hidden');
            arrow_down.getElementsByTagName('span')[0].removeAttribute
('class');
            var li_hiddens=ads.getElementsByClassName('li-hidden');
            for(var j=0;j<li_hiddens.length;j++){
                li_hiddens[0].classList.remove("li-hidden");
            }
        }
        else if(i==5){
            first=2;
            last=first+4;
            arrow_up.getElementsByTagName('span')[0].removeAttribute
('class');
            arrow_down.getElementsByTagName('span')[0].removeAttribute
('class');
            for(var j=0;j<first;j++){
                lis[j].classList.add("li-hidden");
            }
        }
        else if(i>=6 && i<=9){
            first=i-3;
            last=first+4;
            arrow_up.getElementsByTagName('span')[0].removeAttribute
('class');
            arrow_down.getElementsByTagName('span')[0].removeAttribute
('class');
            for(var j=0;j<first;j++){
                lis[j].classList.add("li-hidden");
            }
```

```
        }
        else if(i==10){
            first=7;
            last=first+4;
            arrow_up.getElementsByTagName('span')[0].removeAttribute
('class');
            arrow_down.getElementsByTagName('span')[0].setAttribute
('class','span-hidden');
            for(var j=0;j<first;j++){
                lis[j].classList.add("li-hidden");
            }
        }
        else if(i==11){
            first=7;
            last=first+4;
            arrow_up.getElementsByTagName('span')[0].removeAttribute
('class');
            arrow_down.getElementsByTagName('span')[0].setAttribute
('class','span-hidden');
            for(var j=0;j<first;j++){
                lis[j].classList.add("li-hidden");
            }
        }
        else if(i==12){
            i=0;
            first=0;
            last=first+4;
            arrow_up.getElementsByTagName('span')[0].setAttribute
('class','span-hidden');
            arrow_down.getElementsByTagName('span')[0].removeAttribute
('class');
            var li_hiddens=ads.getElementsByClassName('li-hidden');
            for(var j=0;j<li_hiddens.length;j++){
                li_hiddens[0].classList.remove("li-hidden");
            }
        }
        // 设置新的活动 img 和 li
        imgs[i].setAttribute("class","img-active");
        lis[i].classList.add("li-active");
    }
```

单 元 小 结

　　在本单元中，通过对两个相对复杂的网页进行详细分析，介绍了复杂页面的制作方法，主要还是在于反复灵活地运用 HTML5 的元素和 CSS3 的属性，少量动态效果需要用 JavaScript 代码来实现。JavaScript 是 Web 前端三大核心技术之一，是继 HTML5 和 CSS3 之后必然需要学习的课程。

习　题

1. 任务 12.1 中的"旅游小贴士"区块，假设其中的 6 个图片是整合在一个文件中存储的，现要求将这整张图片作为"旅游小贴士"的 div 的背景图像处理，请分析该区块整体上如何实现。

2. 任务 12.2 中的第一个主体内容盒子中的图片链接，现要求将这整张图片作为该区块的背景图像处理，请分析该区块整体上如何实现。

知识解读索引